"十三五"国家重点图书出版规划项目
中国河口海湾水生生物资源与环境出版工程
庄平 主编

闽江口游泳生物图志

李军 康斌 沈忱 等 编著

中国农业出版社
北　京

图书在版编目（CIP）数据

闽江口游泳生物图志 / 李军等编著 . — 北京：中国农业出版社，2018.12
中国河口海湾水生生物资源与环境出版工程 / 庄平 主编
ISBN 978-7-109-24761-1

Ⅰ. ①闽… Ⅱ. ①李… Ⅲ. ①闽江－河口－水生生物－图集 Ⅳ. ① Q17-64

中国版本图书馆 CIP 数据核字 (2018) 第 239892 号

中国农业出版社出版
（北京市朝阳区麦子店街18号楼）
（邮政编码 100125）
策划编辑　郑珂　黄向阳
责任编辑　王金环　吴丽婷

北京通州皇家印刷厂印刷　新华书店北京发行所发行
2018年12月第1版　2018年12月北京第1次印刷

开本：787mm×1092mm　1/12　印张：22
字数：305 千字
定价：198.00 元
（凡本版图书出现印刷、装订错误，请向出版社发行部调换）

内容简介

游泳生物（nekton）指在水体中具有较强主动游泳能力的水生生物。在渔业资源学研究中，常把游泳生物分为头足类、甲壳类和鱼类3个类群。头足类指头足纲的种类；甲壳类一般包括虾蛄类、虾类和蟹类，其中虾蛄类指软甲纲口足目中的种类，虾类、蟹类指软甲纲十足目中的种类；鱼类指软骨鱼纲和辐鳍鱼纲的种类。本书收录了2015年1月、5月、8月和11月4个航次在闽江口使用单船底层有袖单囊拖网调查采集到的大部分游泳生物种类，共108种，分属3门4纲16目52科87属，其中头足类6种、虾蛄类5种、虾类15种、蟹类12种、鱼类70种。本书对物种的学名、英文名、俗名、分类地位、同种异名、可数性状、可量性状、形态特征、分布范围、生态习性、渔业利用、群体特征进行了描述。此外，本书展示了每个种的标本图，在图上标出了该种最易于识别的形态特征并进行阐述，便于读者参考。

丛书编委会

科学顾问　唐启升　中国水产科学研究院黄海水产研究所 中国工程院院士
　　　　　　曹文宣　中国科学院水生生物研究所 中国科学院院士
　　　　　　陈吉余　华东师范大学 中国工程院院士
　　　　　　管华诗　中国海洋大学 中国工程院院士
　　　　　　潘德炉　自然资源部第二海洋研究所 中国工程院院士
　　　　　　麦康森　中国海洋大学 中国工程院院士
　　　　　　桂建芳　中国科学院水生生物研究所 中国科学院院士
　　　　　　张　偲　中国科学院南海海洋研究所 中国工程院院士

主　编　庄　平

副主编　李纯厚　赵立山　陈立侨　王　俊　乔秀亭
　　　　　　郭玉清　李桂峰

编　委（按姓氏笔画排序）
　　　　　　王云龙　方　辉　冯广朋　任一平　刘鉴毅
　　　　　　李　军　李　磊　沈盎绿　张　涛　张士华
　　　　　　张继红　陈丕茂　周　进　赵　峰　赵　斌
　　　　　　姜作发　晁　敏　黄良敏　康　斌　章龙珍
　　　　　　章守宇　董　婧　赖子尼　霍堂斌

本书编写人员

▶ 著　者　李军　康斌　沈忱　石焱　王家樵　黄良敏

丛书序

中国大陆海岸线长度居世界前列,约 18 000km,其间分布着众多具全球代表性的河口和海湾。河口和海湾蕴藏丰富的资源,地理位置优越,自然环境独特,是联系陆地和海洋的纽带,是地球生态系统的重要组成部分,在维系全球生态平衡和调节气候变化中有不可替代的作用。河口海湾也是人们认识海洋、利用海洋、保护海洋和管理海洋的前沿,是当今关注和研究的热点。

以河口海湾为核心构成的海岸带是我国重要的生态屏障,广袤的滩涂湿地生态系统既承担了"地球之肾"的角色,分解和转化了由陆地转移来的巨量污染物质,也起到了"缓冲器"的作用,抵御和消减了台风等自然灾害对内陆的影响。河口海湾还是我们建设海洋强国的前哨和起点,古代海上丝绸之路的重要节点均位于河口海湾,这里同样也是当今建设"21世纪海上丝绸之路"的战略要地。加强对河口海湾区域的研究是落实党中央提出的生态文明建设、海洋强国战略和实现中华民族伟大复兴的重要行动。

最近20多年是我国社会经济空前高速发展的时期，河口海湾的生物资源和生态环境发生了巨大的变化，亟待深入研究河口海湾生物资源与生态环境的现状，摸清家底，制定可持续发展对策。庄平研究员任主编的"中国河口海湾水生生物资源与环境出版工程"经过多年酝酿和专家论证，被遴选列入国家新闻出版广电总局"十三五"国家重点图书出版规划，并且获得国家出版基金资助，是我国河口海湾生物资源和生态环境研究进展的最新展示。

该出版工程组织了全国20余家大专院校和科研机构的一批长期从事河口海湾生物资源和生态环境研究的专家学者，编撰专著28部，系统总结了我国最近20多年来在河口海湾生物资源和生态环境领域的最新研究成果。北起辽河口，南至珠江口，选取了代表性强、生态价值高、对社会经济发展意义重大的10余个典型河口和海湾，论述了这些水域水生生物资源和生态环境的现状和面临的问题，总结了资源养护和环境修复的技术进展，提出了今后的发展方向。这些著作填补了河口海湾研究基础数据资料的一些空白，丰富了科学知识，促进了文化传承，将为科技工作者提供参考资料，为政府部门提供决策依据，为广大读者提供科普知识，具有学术和实用双重价值。

中国工程院院士

2018年12月

前 言

游泳生物(nekton)指在水体中具有较强主动游泳能力的水生生物。游泳生物和浮游生物（plankton）及底栖生物（benthos）均为水域生态系统中重要的生物类群。在海洋中，游泳生物主要由软体动物门Mollusca的头足纲Cephalopoda，节肢动物门Arthropoda的软甲纲Malacostraca，脊索动物门Chordata的软骨鱼纲Chondrichthyes和辐鳍鱼纲 Actinopterygii中的种类组成。在渔业资源学研究中，常把游泳生物分为头足类、甲壳类和鱼类3个类群。头足类指头足纲中的种类；甲壳类一般包括虾蛄类、虾类和蟹类，其中虾蛄类指软甲纲口足目中的种类，虾类、蟹类指软甲纲十足目中的种类；鱼类指软骨鱼纲和辐鳍鱼纲中的种类。游泳生物作为渔业资源的重要组成部分，在维持水域生态系统稳定、为社会供给水产品及促进渔业产业可持续发展方面具有重要意义。

河口是淡水与海水的交汇地区，温度、盐度和深度都有较大的梯度变化，具有水深较浅、底质呈条带状、浊度较高等特点。入海径流及潮汐等水文因子都对河口环境有着巨大影响。丰富多变的环境条件使得河口群落的生物多样性较高。同时，河口也是对人类活动最为敏感的区域，陆源污染及河口开发对环境的改变可能会给河口生物群落带来深刻的影响。闽江口作为福建沿岸重要的河口之一，是许多渔业资源种类的产卵场和索饵场。历史上，闽江口渔业资源种类丰富，在盐度不同的区域，出现了淡水种、咸淡水种及海洋种。闽江口游泳生物的3个类群中，针对福建海洋鱼类研究的专著较多。例如，1963年出版的《东海鱼类志》，对福建沿海的148种海洋鱼类进行了描述；1984—1985年出版的《福建鱼类志》（上、下卷）系统地描述了福建618种海洋鱼类。相比之下，针对海洋甲壳类和头足类的仅有部分研究论文，如《台湾海峡中、北部的蟹类》《福建海岸带头足类资源调查报告》《福建海区虾类资源简述》。近些年，随着经济发展和人类活动对河口的影响越来越大，闽江口游泳生物群落和种群结构可能会随之发生变化，但针对闽江口游泳生物进行研究的专著较少。为了深入了解闽江口游泳生物种类现状，保存本区域常见游泳生物的图像资料，记录其群体构成，为相关研究提供参考数据，作者通过实地调查采样、样品分析和数据处理，开展了本书的编撰工作。

本书研究内容得到国家自然科学基金项目"闽江口鱼类群落空间格局及功能实现过程（41476149）"的资助，共收录了2015年1月、5月、8月和11月4个航次在闽江口使用单船底层有袖单囊拖网调查采集到的大部分游泳生物种类，共108种，分属3门4纲16目52科87属，其中头足类6种、虾蛄类5种、虾类15种、蟹类12种、鱼类70种。本书对物种的学名、英文名、俗名、分类地位、同种异名、可数性状、可量性状、形态特征、分布范围、生态习性、渔业利用、群体特征进行了描述。此外，本书展示了每个种的标本图，在图上标出了该种最易于识别的形态特征并进行阐述，便于读者参考。在此需要说明的是，对于形态特征的描述，主要选取了通过照片和实物可直接观察到的性状，略去一些在分类学上重要但需要通过解剖或显微镜观察才能确定的性状，目的是通过图片的对照，快速地鉴定该物种。

书中鱼类的中文名参考《拉汉世界鱼类系统名典》中的名称；头足类形态特征和生态习性的描述主要参考《中国动物志•软体动物门 头足纲》；甲壳类形态特征和生态习性的描述主要参考《浙江动物志•甲壳类》；鱼类形态特征和生态习性的描述主要参考《福建鱼类志》（上、下卷）；分布范围中有关区域和海域的描述参考世界海洋沿岸和陆架生物地理区划的研究成果（Spalding et al, 2007）；群体特征数据采用2015年4个航次游泳生物样品的分析数据，仅反映2015年闽江口游泳生物状况。标本图像采自2015年调查获得的游泳生物样品，拍摄于采样船上或集美大学水产学院渔业资源实验室。

特别感谢厦门大学海洋与地球学院刘敏教授对本书撰写提出的指导性意见及对标本拍照提供的重要技术支持；感谢集美大学2016级研究生冯晨对部分标本的制作和拍摄。

由于作者水平有限，对于部分游泳生物类群的研究不够深入，难免存在疏漏之处，恳请各位读者批评指正。

李军

2018年6月

目录

丛书序
前言

一、闽江口自然环境概述 1

二、游泳生物类群概述 6

三、闽江口游泳生物概述 9

四、闽江口游泳生物各论 13

 软体动物门 Mollusca 13

  头足纲 Cephalopoda 13

   闭眼目 Myopsida 13

    枪乌贼科 Loliginidae 14

     小枪乌贼属 *Loliolus* 14

      1. 火枪乌贼 *Loliolus beka* (Sasaki, 1929) 14

     尾枪乌贼属 *Uroteuthis* 16

      2. 中国枪乌贼 *Uroteuthis chinensis* (Gray, 1849) 16

   乌贼目 Nautiloidea 18

    耳乌贼科 Sepiolidae 18

四盘耳乌贼属 *Euprymna* 18

　　　　3. 柏氏四盘耳乌贼 *Euprymna berryi* Sasaki, 1929 18

八腕目 Octopoda 20

　　蛸科 Octopodidae 20

　　　两鳍蛸属 *Amphioctopus* 20

　　　　4. 短蛸 *Amphioctopus fangsiao* (d'Orbigny, 1839) 20

　　　蛸属 *Octopus* 22

　　　　5. 真蛸 *Octopus vulgaris* Cuvier, 1797 22

　　　　6. 长蛸 *Octopus minor* (Sasaki, 1920) 24

节肢动物门 Arthropoda 26

　软甲纲 Malacostraca 26

　　口足目 Stomatopoda 26

　　　虾蛄科 Squillidae 27

　　　　口虾蛄属 *Oratosquilla* 27

　　　　　7. 口虾蛄 *Oratosquilla oratoria* (De Haan, 1844) 27

　　　　似口虾蛄属 *Oratosquillina* 29

　　　　　8. 断脊口虾蛄 *Oratosquillina interrupta* (Kemp, 1911) 29

　　　　网虾蛄属 *Dictyosquilla* 31

　　　　　9. 窝纹网虾蛄 *Dictyosquilla foveolata* (Wood-Mason, 1895) 31

　　　　褶虾蛄属 *Lophosquilla* 33

　　　　　10. 脊条褶虾蛄 *Lophosquilla costata* (De Haan, 1844) 33

　　　　猛虾蛄属 *Harpiosquilla* 35

11. 猛虾蛄 *Harpiosquilla harpax* (De Haan, 1844) ... 35

十足目 Decapoda ... 37

对虾科 Penaeidae ... 37

对虾属 *Penaeus* ... 37

12. 日本对虾 *Penaeus japonicus* Spence Bate, 1888 ... 37

赤虾属 *Metapenaeopsis* ... 39

13. 须赤虾 *Metapenaeopsis barbata* (De Haan, 1844) ... 39

新对虾属 *Metapenaeus* ... 41

14. 周氏新对虾 *Metapenaeus joyneri* (Miers, 1880) ... 41

15. 刀额新对虾 *Metapenaeus ensis* (De Haan, 1844) ... 43

仿对虾属 *Parapenaeopsis* ... 45

16. 哈氏仿对虾 *Parapenaeopsis hardwickii* (Miers, 1878) ... 45

17. 刀额仿对虾 *Parapenaeopsis cultirostris* Alcock, 1906 ... 47

18. 细巧仿对虾 *Parapenaeopsis tenella* (Spence Bate, 1888) ... 49

鹰爪虾属 *Trachysalambria* ... 51

19. 鹰爪虾 *Trachysalambria curvirostris* (Stimpson, 1860) ... 51

樱虾科 Sergestidae ... 53

毛虾属 *Acetes* ... 53

20. 中国毛虾 *Acetes chinensis* Hansen, 1919 ... 53

玻璃虾科 Pasiphaeidae ... 55

细螯虾属 *Leptochela* ... 55

21. 细螯虾 *Leptochela gracilis* Stimpson, 1860 ... 55

鼓虾科 Alpheidae 57
 鼓虾属 *Alpheus* 57
  22. 鲜明鼓虾 *Alpheus digitalis* De Haan, 1844 57
  23. 日本鼓虾 *Alpheus japonicus* Miers, 1879 59

长臂虾科 Palaemonidae 61
 长臂虾属 *Palaemon* 61
  24. 葛氏长臂虾 *Palaemon gravieri* (Yu, 1930) 61
 白虾属 *Exopalaemon* 63
  25. 脊尾白虾 *Exopalaemon carinicauda* (Holthuis, 1950) 63

藻虾科 Hippolytidae 65
 宽额虾属 *Latreutes* 65
  26. 水母虾 *Latreutes mucronatus* (Stimpson, 1860) 65

梭子蟹科 Portunidae 67
 梭子蟹属 *Portunus* 67
  27. 三疣梭子蟹 *Portunus trituberculatus* (Miers, 1876) 67
  28. 红星梭子蟹 *Portunus sanguinolentus* (Herbst, 1783) 69
  29. 远海梭子蟹 *Portunus pelagicus* (Linnaeus, 1758) 71
  30. 银光梭子蟹 *Portunus argentatus* (A. Milne-Edwards, 1861) 73
 *Xiphonectes*属 75
  31. 矛形梭子蟹 *Xiphonectes hastatoides* (Fabricius, 1798) 75
 蟳属 *Charybdis* 77
  32. 锈斑蟳 *Charybdis feriata* (Linnaeus, 1758) 77

33. 日本蟳 *Charybdis japonica* (A. Milne-Edwards, 1861) ... 79

34. 变态蟳 *Charybdis variegata* (Fabricius, 1798) ... 81

菱蟹科 Parthenopidae ... 83

武装紧握蟹属 *Enoplolambrus* ... 83

35. 强壮菱蟹 *Enoplolambrus validus* (De Haan, 1837) ... 83

关公蟹科 Dorippidae ... 85

平家蟹属 *Heikeopsis* ... 85

36. 日本关公蟹 *Heikeopsis japonica* (von Siebold, 1824) ... 85

拟关公蟹属 *Paradorippe* ... 87

37. 端正关公蟹 *Paradorippe polita* (Alcock & Anderson, 1894) ... 87

宽背蟹科 Euryplacidae ... 89

强蟹属 *Eucrate* ... 89

38. 隆线强蟹 *Eucrate crenata* (De Haan, 1835) ... 89

脊索动物门 Chordata ... 91

软骨鱼纲 Chondrichthyes ... 91

鲼目 Myliobatiformes ... 91

虹科 Dasyatidae ... 92

Hemitrygon 属 ... 92

39. 光虹 *Hemitrygon laevigata* (Chu, 1960) ... 92

辐鳍鱼纲 Actinopterygii ... 94

鳗形目 Anguilliformes ... 94

海鳝科 Muraenidae ... 95

裸胸鳝属 *Gymnothorax* ... 95
40. 网纹裸胸鳝 *Gymnothorax reticularis* Bloch, 1795 ... 95

蛇鳗科 Ophichthidae ... 97
豆齿鳗属 *Pisodonophis* ... 97
41. 食蟹豆齿鳗 *Pisodonophis cancrivorus* (Richardson, 1848) ... 97
蛇鳗属 *Ophichthus* ... 99
42. 尖吻蛇鳗 *Ophichthus apicalis* [Anonymous(Bennett), 1830] ... 99

海鳗科 Muraenesocidae ... 101
海鳗属 *Muraenesox* ... 101
43. 海鳗 *Muraenesox cinereus* (Forsskål, 1775) ... 101

鲱形目 Clupeiformes ... 103

鲱科 Clupeidae ... 103
窝斑鰶属 *Konosirus* ... 103
44. 斑鰶 *Konosirus punctatus* (Temminck & Schlegel, 1846) ... 103
小沙丁鱼属 *Sardinella* ... 105
45. 青鳞小沙丁鱼 *Sardinella zunasi* (Bleeker, 1854) ... 105

鳀科 Engraulidae ... 107
鲚属 *Coilia* ... 107
46. 凤鲚 *Coilia mystus* (Linnaeus, 1758) ... 107
棱鳀属 *Thryssa* ... 109
47. 黄吻棱鳀 *Thryssa vitrirostris* (Gilchrist & Thompson, 1908) ... 109
48. 中颌棱鳀 *Thryssa mystax* (Bloch & Schneider, 1801) ... 111

侧带小公鱼属 *Stolephorus* 113

　　　49. 康氏侧带小公鱼 *Stolephorus commersonnii* Lacepède, 1803 113

鼠䱻目 Gonorynchiformes 115

　鼠䱻科 Gonorynchidae 115

　　鼠䱻属 *Gonorynchus* 115

　　　50. 鼠䱻 *Gonorynchus abbreviatus* Temminck & Schlegel, 1846 115

鲇形目 Siluriformes 117

　海鲇科 Ariidae 117

　　海鲇属 *Arius* 117

　　　51. 斑海鲇 *Arius maculatus* (Thunberg, 1792) 117

仙女鱼目 Aulopiformes 119

　合齿鱼科 Synodontidae 119

　　蛇鲻属 *Saurida* 119

　　　52. 长蛇鲻 *Saurida elongata* (Temminck & Schlegel, 1846) 119

　　镰齿鱼属 *Harpadon* 121

　　　53. 龙头鱼 *Harpadon nehereus* (Hamilton, 1822) 121

刺鱼目 Gasterosteiformes 123

　海龙科 Syngnathidae 123

　　海马属 *Hippocampus* 123

　　　54. 克氏海马 *Hippocampus kelloggi* Jordan & Snyder, 1901 123

　烟管鱼科 Fistulariidae 125

　　烟管鱼属 *Fistularia* 125

55. 鳞烟管鱼 *Fistularia petimba* Lacepède, 1803 ... 125

鲉形目 Scorpaeniformes ... 127

鲉科 Scorpaenidae ... 127

菖鲉属 *Sebastiscus* ... 127

56. 褐菖鲉 *Sebastiscus marmoratus* (Cuvier, 1829) ... 127

虎鲉属 *Minous* ... 129

57. 单指虎鲉 *Minous monodactylus* (Bloch & Schneider, 1801) ... 129

鲂鮄科 Triglidae ... 131

绿鳍鱼属 *Chelidonichthys* ... 131

58. 绿鳍鱼 *Chelidonichthys kumu* (Cuvier, 1829) ... 131

鲬科 Platycephalidae ... 133

棘线鲬属 *Grammoplites* ... 133

59. 横带棘线鲬 *Grammoplites scaber* (Linnaeus, 1758) ... 133

鲈形目 Perciformes ... 135

大眼鲷科 Priacanthidae ... 135

大眼鲷属 *Priacanthus* ... 135

60. 短尾大眼鲷 *Priacanthus macracanthus* Cuvier, 1829 ... 135

天竺鲷科 Apogonidae ... 137

银口天竺鲷属 *Jaydia* ... 137

61. 细条银口天竺鲷 *Jaydia lineata* (Temminck & Schlegel, 1842) ... 137

鹦天竺鲷属 *Ostorhinchus* ... 139

62. 宽条鹦天竺鲷 *Ostorhinchus fasciatus* (White, 1790) ... 139

鱚科 Sillaginidae 141

    鱚属 *Sillago* 141

        63. 多鳞鱚 *Sillago sihama* (Forsskål, 1775) 141

鲹科 Carangidae 143

    圆鲹属 *Decapterus* 143

        64. 蓝圆鲹 *Decapterus maruadsi* (Temminck & Schlegel, 1843) 143

    副叶鲹属 *Alepes* 145

        65. 及达副叶鲹 *Alepes djedaba* (Forsskål, 1775) 145

    竹筴鱼属 *Trachurus* 147

        66. 日本竹筴鱼 *Trachurus japonicus* (Temminck & Schlegel, 1844) 147

鲾科 Leiognathidae 149

    项鲾属 *Nuchequula* 149

        67. 颈斑项鲾 *Nuchequula nuchalis* (Temminck & Schlegel, 1845) 149

    马鲾属 *Equulites* 151

        68. 条马鲾 *Equulites rivulatus* (Temminck & Schlegel, 1845) 151

    仰口鲾属 *Secutor* 153

        69. 鹿斑仰口鲾 *Secutor ruconius* (Hamilton, 1822) 153

石鲈科 Haemulidae 155

    髭鲷属 *Hapalogenys* 155

        70. 华髭鲷 *Hapalogenys analis* Richardson, 1845 155

        71. 黑鳍髭鲷 *Hapalogenys nigripinnis* (Temminck & Schlegel, 1843) 157

鲷科 Sparidae 159

犁齿鲷属 *Evynnis* 159

 72. 二长棘犁齿鲷 *Evynnis cardinalis* (Lacepède, 1802) 159

平鲷属 *Rhabdosargus* 161

 73. 平鲷 *Rhabdosargus sarba* (Forsskål, 1775) 161

马鲅科 Polynemidae 163

四指马鲅属 *Eleutheronema* 163

 74. 四指马鲅 *Eleutheronema tetradactylum* (Shaw, 1804) 163

多指马鲅属 *Polydactylus* 165

 75. 黑斑多指马鲅 *Polydactylus sextarius* (Bloch & Schneider, 1801) 165

石首鱼科 Sciaenidae 167

梅童鱼属 *Collichthys* 167

 76. 棘头梅童鱼 *Collichthys lucidus* (Richardson, 1844) 167

黄鱼属 *Larimichthys* 169

 77. 大黄鱼 *Larimichthys crocea* (Richardson, 1846) 169

黄鳍牙鰔属 *Chrysochir* 171

 78. 尖头黄鳍牙鰔 *Chrysochir aureus* (Richardson, 1846) 171

黄姑鱼属 *Nibea* 173

 79. 黄姑鱼 *Nibea albiflora* (Richardson, 1846) 173

叫姑鱼属 *Johnius* 175

 80. 鳞鳍叫姑鱼 *Johnius distinctus* (Tanaka, 1916) 175

 81. 皮氏叫姑鱼 *Johnius belangerii* (Cuvier, 1830) 177

羊鱼科 Mullidae 179

绯鲤属 *Upeneus* 179

    82. 日本绯鲤 *Upeneus japonicus* (Houttuyn, 1782) 179

鯻科 Terapontidae 181

    鯻属 *Terapon* 181

        83. 鯻 *Terapon therps* Cuvier, 1829 181

䲗科 Callionymidae 183

    䲗属 *Callionymus* 183

        84. 绯䲗 *Callionymus beniteguri* Jordan & Snyder, 1900 183

鰕虎鱼科 Gobiidae 185

    拟矛尾鰕虎鱼属 *Parachaeturichthys* 185

        85. 拟矛尾鰕虎鱼 *Parachaeturichthys polynema* (Bleeker, 1853) 185

    孔鰕虎鱼属 *Trypauchen* 187

        86. 孔鰕虎鱼 *Trypauchen vagina* (Bloch & Schneider, 1801) 187

    狼牙鰕虎鱼属 *Odontamblyopus* 189

        87. 拉氏狼牙鰕虎鱼 *Odontamblyopus lacepedii* (Temminck & Schlegel, 1845) 189

篮子鱼科 Siganidae 191

    篮子鱼属 *Siganus* 191

        88. 长鳍篮子鱼 *Siganus canaliculatus* (Park, 1797) 191

        89. 褐篮子鱼 *Siganus fuscescens* (Houttuyn, 1782) 193

魣科 Sphyraenidae 195

    魣属 *Sphyraena* 195

        90. 油魣 *Sphyraena pinguis* Günther, 1874 195

带鱼科 Trichiuridae ... 197
　沙带鱼属 *Lepturacanthus* ... 197
　　91. 沙带鱼 *Lepturacanthus savala* (Cuvier, 1829) ... 197

鲭科 Scombridae ... 199
　鲭属 *Scomber* ... 199
　　92. 日本鲭 *Scomber japonicus* Houttuyn, 1782 ... 199
　马鲛属 *Scomberomorus* ... 201
　　93. 蓝点马鲛 *Scomberomorus niphonius* (Cuvier, 1832) ... 201

长鲳科 Centrolophidae ... 203
　刺鲳属 *Psenopsis* ... 203
　　94. 刺鲳 *Psenopsis anomala* (Temminck & Schlegel, 1844) ... 203

鲳科 Stromateidae ... 205
　鲳属 *Pampus* ... 205
　　95. 银鲳 *Pampus argenteus* (Euphrasen, 1788) ... 205
　　96. 灰鲳 *Pampus cinereus* (Bloch, 1795) ... 207
　　97. 中国鲳 *Pampus chinensis* (Euphrasen, 1788) ... 209
　　98. 镰鲳 *Pampus echinogaster* (Basilewsky, 1855) ... 211

鲽形目 Pleuronectiformes ... 213
　鲽科 Pleuronectidae ... 213
　　木叶鲽属 *Pleuronichthys* ... 213
　　　99. 木叶鲽 *Pleuronichthys cornutus* (Temminck & Schlegel, 1846) ... 213
　鳎科 Soleidae ... 215

条鳎属 *Zebrias* 215

　　　　100. 条鳎 *Zebrias zebra* (Bloch, 1787) 215

舌鳎科 Cynoglossidae 217

　　舌鳎属 *Cynoglossus* 217

　　　　101. 短吻三线舌鳎 *Cynoglossus abbreviatus* (Gray, 1834) 217

　　　　102. 少鳞舌鳎 *Cynoglossus oligolepis* (Bleeker, 1855) 219

　　　　103. 斑头舌鳎 *Cynoglossus puncticeps* (Richardson, 1846) 221

鲀形目 Tetraodontiformes 223

　单角鲀科 Monacanthidae 223

　　副单角鲀属 *Paramonacanthus* 223

　　　　104. 日本副单角鲀 *Paramonacanthus japonicus* (Tilesius, 1809) 223

　鲀科 Tetraodontidae 225

　　兔头鲀属 *Lagocephalus* 225

　　　　105. 棕斑兔头鲀 *Lagocephalus spadiceus* (Richardson, 1845) 225

　　多纪鲀属 *Takifugu* 227

　　　　106. 横纹多纪鲀 *Takifugu oblongus* (Bloch, 1786) 227

　　　　107. 斑点多纪鲀 *Takifugu poecilonotus* (Temminck & Schlegel, 1850) 229

　　　　108. 双斑多纪鲀 *Takifugu bimaculatus* (Richardson, 1845) 231

参考文献 233

一、闽江口自然环境概述

（一）地理位置

闽江口位于福建省东部。闽江全长 2 872 km（干流长度 577 km），流经福建省北部 36 个县、市和浙江省南部 2 个县、市，流域面积 $6.099\ 2\times10^4$ km^2，是福建省第一大河。根据潮流和径流相互作用，以及河槽演变特征，闽江河口区可分为近口段、河口段和口外海滨段。近口段为潮区界至潮流界，以径流作用为主，潮区界原在侯官县（旧县名，辖境约为福州市区和闽侯县的一部分）附近，近些年由于下游河道刷深下切，现已上溯至闽侯县竹岐乡，潮流界在福州市仓山区淮安村附近；河口段为潮流界至口门，径流和潮流作用均很强烈；口外海滨段为口门至外沙浅滩外缘，以潮流作用为主。闽江河口区周边沿岸区域隶属福州市，沿流向经过闽侯县、台江区、仓山区、晋安区、马尾区、长乐区和连江县。

闽江口属于山溪性强潮三角洲型河口。闽江多年平均入海径流量约为 6.20×10^{10} m^3。闽江流至竹岐进入福州盆地，在淮安处被南台岛阻隔分为南北两支。北支穿过福州市区至马尾，称为北港；南支称为南港。南北港在马尾汇合后折向东北，穿过闽安峡谷至亭江附近受琅岐岛阻隔，再分南北两汊。南汊至梅花注入东海，称为梅花水道；北汊出长门水道后受粗芦岛、川石岛、壶江岛的分隔，又分为乌猪、熨斗、川石和壶江四个水道流入东海。

闽江口三角洲包括陆上部分和水下部分，陆上部分包括福州平原、琅岐岛西部平原和长乐平原的部分等；水下部分呈扇形向东南展布，包括内拦门沙和外拦门沙，总面积约 1 800 km^2，前缘水深约 15 m。

（二）气候特征

闽江口属于温暖湿润、四季分明的亚热带海洋性季风气候。

1. 日照

年日照时数集中在 1 400～2 000 h，平均年日照时数为 1 635 h，最高日照时数为 1971 年的 2 076 h，最低日照时数为 2000 年的 1 380 h。年日照时数总体有下降的趋势，但下降不显著。

2. 气温

年平均气温介于 18.8 ~ 20.9 ℃，累年年平均气温为 19.7 ℃。其中，年平均最高气温为 1998 年的 20.9 ℃，年平均最低气温为 1984 年的 18.8 ℃。近年来，年平均气温呈显著的上升趋势，变化速率为 0.04 ℃ /a，远高于全球近 50 年来 0.013 ℃ /a 及近 20 年来 0.02 ℃ /a 的变化速率。

3. 降水量

累年平均年降水量为 1 415.6 mm，最小年降水量为 2003 年的 877.4 mm，最大年降水量为 1990 年的 2 028.2 mm。1976—1989 年降水量波动较小，年降水量介于 1 157 ~ 1 604 mm，在 1990 年以后年降水量波动较大。季降水量年际波动较大，春季降水量有减少的趋势，夏季、秋季、冬季降水量则有轻微的上升趋势，但变化都不显著。夏、秋、冬 3 个季节中，以夏季降水量波动最大，季降水量最大为 2000 年的 1 008.9 mm，最小为 1987 年的 138.4 mm。7—9 月是福建省的台风季节，降水量的多少因台风登陆和影响次数、范围大小、实力强弱而异。有台风登陆时，雨区广，雨势猛，时间短，量不稳；无台风登陆或影响时则出现晴旱天气，降水稀少。因此，夏季降水量年际变化较大。

（三）地貌底质

1. 地貌

根据水下地形等特征，自口外海域向河口区，闽江河口区海底地貌可分为前三角洲、三角洲前缘斜坡、水下三角洲平原和水下岸坡，水下三角洲平原可进一步划分为浅滩和水下河道/潮汐通道。

前三角洲与三角洲前缘斜坡以 15 ~ 25 m 水深为界，自南向北该分界变深。前三角洲海底地形坡度小，一般不超过 0.07%，略向东倾斜；三角洲前缘斜坡坡度一般大于 0.15%，可超过 0.3%。三角洲前缘斜坡与水下三角洲平原一般以 0 ~ 2 m 等深线为界，部分可更深。水下三角洲平原地形坡度明显小于三角洲前缘斜坡，受水下河道的影响，地形起伏。水下河道/潮汐通道主要位于川石水道、梅花水道、乌猪水道、熨斗水道，是径流与涨潮流的主要通道。其中川石水道发育最为显著，一直向东延伸到 7 m 左右的水深。

闽江口外的陆架平原区内，即马祖岛西南部与西犬岛西北部之间海域，有多条线状沙脊组成的水下梳状潮流沙脊群，总面积约 150 km^2。该沙脊群由数条大小不一、呈西南—东北向的线状沙脊体组成。局部沙脊连片，相邻沙脊间为侵蚀沟槽，形成脊槽相间排列的地貌形态。沙脊体长 3 ~ 11 km，高 2 ~ 7 m，相邻脊峰间隔 0.4 ~ 2 km。沙脊表面呈波状起伏，具有不对称形态，沙脊东南翼明显较西北翼陡，东南翼坡度 0.53% ~ 0.84%，西北翼坡度 0.28% ~ 0.55%，表明沙脊目前还处于活动状态，且正往东南方向（坡陡方向）迁移，与本区海洋潮流作用相一致。

2. 底质

闽江口地区沉积物主要有中粗沙、粗中沙、中沙、细中沙、中细沙、细沙、泥质沙、沙-粉沙-泥、粉沙质泥等9种类型。中粗沙和粗中沙主要分布在琅岐岛以上的闽江河床、川石水道，以及熨斗水道；中沙主要分布在川石和熨斗水道两侧、铁板沙以及外拦门沙浅滩上；细中沙和中细沙主要分布在梅花港、乌猪港出口处以及铁板沙东部的浅滩上；细沙主要分布在闽江河口南北两翼的近岸浅滩地带；泥质沙主要分布在乌猪水道东北，铁板沙以北的浅滩前缘和涨潮槽中；沙-粉沙-泥主要分布在河口湾外侧等深线 -5 m 到 -10 m 的地区或与岩岛毗连的潮滩上；粉沙质泥分布在 -10 m 等深线以外的海域。在纵向上，由于水流能量的递减，表层沉积物沿扩散方向存在粒度沿程减小的趋势。如川石水道中，内沙浅滩上段主要为粗中沙和中粗沙，粉沙含量较少，而其下段粉沙和泥含量有所增加，外沙浅滩向东又由沙—粉沙—泥过渡为粉沙质泥。横向上，出现沉积物横向分异，由于偏离动力轴，沉积物颗粒自水道中央向两侧边滩由粗变细。

（四）水文特征

1. 海流

闽江口外海主要受闽浙沿岸流控制，东北季风期间（秋、冬）该流系较强。闽江口地区余流受闽江口径流和潮流的共同作用。本地区余流呈河口的特征明显，余流方向指向外海或者偏南。余流流速较小，最大余流为 0.25 m/s；对比不同潮型而言，小潮余流较小，大潮余流较大。较大余流出现在闽江口的出水要道，不同季节上游的径流直接影响余流大小。

2. 潮汐

闽江口位于台湾海峡西北部，潮波主要来自东北方向，传至闽江口。地球偏转力及海峡地形效应的作用，使闽江口成为我国强潮区之一。多年平均潮差达 4.46 m，最大潮差达 7.04 m。河口的平均涨潮流量为 15 600 m^3/s，径流与潮流比值为 0.226，属于河口湾向喇叭型三角洲演变的过渡性河口。由于潮波受地形及径流的影响，潮差向上游迅速递减。因此，尽管河口潮差较大，但感潮河段较短。潮流界与潮区界较为接近，枯季大潮潮区界在侯官附近，潮流界可达文山里，中水时潮流界位于魁岐至马江之间，洪季小潮时潮区界位于解放大桥附近。潮流界在马尾附近。当竹岐站流量超过 13 000 m^3/s 时，罗星塔断面即无潮汐向上推进，潮差逐渐减小，潮流作用减弱，涨潮历时也相应缩短。

3. 径流量

闽江口1934—1996年的最大径流总量为1937年的842亿 m^3，最小径流总量为1971年的268亿 m^3，年内来水量分配不均，其中5月、6月、7月这三个月的来水量约占全年的50%，10月至翌年2月的来水量仅占17.5%。

(五) 理化因子

1. 水温

春季闽江口附近被低于17℃的低温水所占据，越往北水温越低。近岸等温线稀疏，外海等温线较为密集。在25°N附近、119.5°—120.5°E的范围内，存在一个较强的温度锋，温度梯度达0.3 ℃/km。从表层到10 m层，温度逐层降低。从温度平面分布难以讨论春季闽江冲淡水的扩展特征。因为春季闽江冲淡水温度特征为低温，闽浙沿岸流温度特征也是低温。闽江冲淡水的扩展范围难以界定。

夏季闽江口及邻近海域温度比春季要高出许多，最低温度比春季最高温度高。闽江口温度大于27.5 ℃，在口门处达到29 ℃。27.5 ℃等温线呈舌状向东北扩展。5 m层温度普遍比表层低，在马祖列岛以外广阔海域温度比表层低0.5 ℃。闽江口仍保持高温，高于27 ℃。到了10 m层，闽江口处的高温水体消失，取而代之的是低于26 ℃的低温水体。夏季闽江冲淡水的特征是高温低盐。在表层和5 m层，闽江口被高温水体覆盖。这个高温区可以认为是受到了闽江冲淡水的影响。在表层，高温水体还有向东北扩展的趋势。高温冲淡水的影响深度较小，在10 m层难寻高温水体的痕迹。

冬季海水温度相对于夏季下降许多。冬季海水温度也比春季低。一般认为冬季是闽浙沿岸流最为强盛的季节。绝大部分海域被低温水覆盖。在与春季温度锋相对应的位置上也发现了一个温度锋，温度梯度与春季一致，也为0.3 ℃/km。在兴化湾外海，有一低盐水舌向台湾岛延展。冬季表层、5 m层、10 m层温度分布基本一致，这说明冬季海水垂向混合较好。

2. 盐度

春季闽江口及以南沿岸被闽江冲淡水混合形成的沿岸低盐水占据。表层盐度闽江口至平潭岛附近海域比闽江口北部高，并在闽江口以南形成低盐区，低盐中心在闽江口口门，中心盐度低于20。5 m层低盐中心仍存在，只是盐度比表层稍高。10 m层低盐中心则不复存在。春季闽江开始进入丰水季节，4月多年月平均径流量为2 420 m³/s，这样的径流量对闽江口附近盐度产生一定的影响，所以闽江口及以南海域的低盐区可认为是在冲淡水作用下形成的。根据低盐区及低盐中心的位置及范围，可知春季闽江冲淡水冲出口门后，主体向西南方向扩展。春季闽江口外围海域表层、5 m层、10 m层被盐度32等值线覆盖，这个分布态势体现了闽浙沿岸流对福建沿岸的影响，闽浙沿岸流自北向南影响到兴化湾。由于闽江口及以南区域同时受到闽江冲淡水和闽浙沿岸流的作用，春季闽江冲淡水扩展范围难以确定。

夏季闽江河口区附近表层被低盐冲淡水覆盖。闽江口北支水道盐度低至2。表层冲淡水(夏季闽浙沿岸流基本退去，此时盐度32等值线可作为区别闽江冲淡水与外海水的依据)流出口门后，分成两路：一部分顺岸南下；另一部分为主体，呈舌状转向东北，扩散至三沙湾外海，冲淡水前沿向北扩展至26.59°N，向东扩展至120°E。闽江口5 m层的盐度比表层高，5 m层冲淡水的分布情况与表层类似：一部分南下，另一部分（主体）向东北扩展，但冲淡水扩展范围比表层小。10 m层基本上看不到冲淡水的痕迹。

冬季是东北季风最为强盛的季节，闽浙沿岸流强盛。从盐度32等值线所包围的海域来看，冬季沿岸低盐水的影响范围远较夏季大，沿岸低盐水基本位于福建近岸，与温度的平面分布具有良好的对应关系。兴化湾外海有低盐水舌向海峡东岸扩展。闽江口口门盐度低于25，显然是受冲淡水影响的结果。

盐度垂直分布特征如下：春季、夏季琅岐岛至马祖岛之间海域较为明显地受到冲淡水的影响，春季近岸侧盐度可低至15，夏季可低至10。这样低的盐度是闽浙沿岸流影响所难以达到的。冬季闽浙沿岸流最为强盛的时候，琅岐岛至马祖岛之间海域的盐度普遍高于27，因而可以认为春、夏季闽江口表层的低盐区主要是受到闽江冲淡水的影响。冬季海水垂向混合较好，因而盐度等值线几乎是垂直分布。

3. 化学需氧量（COD）和溶解氧（DO）

闽江口海域海水中的COD的空间变化范围为0.63～1.70 mg/L，平均值为1.12 mg/L。COD的高值区主要分布在闽江入海口一带，变化范围为1.34～1.70 mg/L。距闽江河海交界较远的海域，COD变化范围为0.63～0.70 mg/L，相对较低。由此可见，闽江口海域海水中的COD的平面分布呈现由西南向东北水域逐渐递减、近岸水域高于远岸水域这两个特征。这主要是受闽江径流以及沿岸工业废水、生活污水与农田面源污染等因素的影响。离岸较远、水交换条件较好的海域，海水中的COD相对较低。

DO变化范围为空间6.00～7.25 mg/L，平均值为6.85 mg/L，饱和度为68.9%～95.5%，平均值为85.7%，该海域海水中的DO较为充沛，空间变化幅度也不大，在平面分布上没有明显的变化规律。

闽江海域海水中的COD的周年变化范围为0.80～1.45 mg/L，平均值为1.12 mg/L。其中，1月和2月COD为0.80～0.88 mg/L，平均值为0.84 mg/L，比其他月份明显偏低。每年的1月、2月是闽江的枯水期，径流量较小，陆源有机物进入闽江口海域的量相对减少，加上1月、2月是水产养殖的淡季，养殖生产对海域的影响也较小，因此，这段时期闽江口海域COD总体较低。

DO的周年变化范围为5.46～8.03 mg/L，平均值为6.94 mg/L；饱和度为72.8%～111.3%，平均值为85.7%。在全年的变化中，闽江口海域海水中的DO变化存在一定的规律：在水温较低的秋、冬季，海水中的DO相对较高；而在水温较高的夏、春季，DO相对较低。DO饱和度除了8月较高外，其他月份基本维持在较为正常的状态，该海域海水中的DO较为充足。

二、游泳生物类群概述

游泳生物指生活在水中、具有抗逆流自由游动能力的动物,包括真游泳生物、浮游游泳生物、底栖游泳生物和陆缘游泳生物。在海洋生物调查中,游泳生物一般包括鱼类、虾类、蟹类、虾蛄类、头足类及海洋哺乳动物等。其中鱼类、虾类、蟹类、虾蛄和头足类等类群是闽江口渔业资源的重要组成部分。鱼类主要由脊索动物门 Chordata 的软骨鱼纲 Chondrichthyes 和辐鳍鱼纲 Actinopterygii 中的种类组成;虾类、蟹类和虾蛄类主要由节肢动物门 Arthropoda 的软甲纲 Malacostraca 中的种类组成;头足类主要由软体动物门 Mollusca 的头足纲 Cephalopoda 中的种类组成。

(一)鱼类

鱼类指用鳃呼吸、以鳍为运动器官、多数被鳞片和侧线感觉器官的水生变温脊椎动物类群。

鱼类的身体分成头部、躯干部和尾部3个部分。头部和躯干部的分界,在没有鳃盖的软骨鱼类中为最后一对鳃孔,在具有鳃盖的硬骨鱼类中为鳃盖骨的后缘。躯干部和尾部的分界一般为肛门或尿殖孔的后缘。少数鱼类的肛门前移至身体较前方,以体腔末端或最前一枚具脉弓的椎骨为界。臀鳍基部后端到尾鳍基部为尾柄。

头部可以区分成下列各部:头部最前缘到眼的前缘为吻部;眼后缘到鳃盖骨后缘或最后一鳃孔为眼后头部;两眼之间的最短距离为眼间隔;眼的后下方到前鳃盖骨后缘的部分称为颊部;鳃盖后缘的皮褶为鳃盖膜,鳃盖膜被细长肋骨状的鳃盖条支持;两鳃盖间的腹面部分为喉部;下颌左右两齿骨在前方会合处为下颌联合,紧接下颌联合的后方为颏部;颏部的后方、喉部的前方为峡部,其是否与鳃盖膜连接一起是种类鉴定依据的重要形态特征之一。

(二)虾类

游泳动物中的虾类一般为节肢动物门、软甲纲、十足目、游泳亚目中的种类。

虾类身体细长,梭形,侧扁或平扁,适于游泳活动。体躯分为头胸部和腹部。头胸部由14(6+8)节构成,各节间分界不甚明显,背面及两侧包被1片甲壳,称为头胸甲。虾类的头胸甲前端中央突出,形成额角,其形状在不同种间有很大的不同,为分类的主要根据。腹部较头胸部为长,共由7节构成,其末节称为尾节。虾类头胸甲表面除少数种类之外,大多具突出的刺、隆起的脊或凹下的沟，一般依其所在位置命名。

虾类的附肢是双叉型。由原肢、内肢和外肢三部分构成。按形状可分为两大类，一类称为叶状肢，比较原始，形状扁平而不具关节；另一类称为杆状肢，比较特化，呈圆杆形，具关节。虾类体躯共21节，除头部第一节及尾节外，每节皆具附肢1对。

头部附肢共5对，分别为第一触角、第二触角、大颚、第一小颚和第二小颚。

胸部附肢共8对，其中颚足3对（第一颚足、第二颚足、第三颚足），为摄食的辅助器官。胸足5对，为捕食及爬行器官，前3对呈螯（钳）状，后2对呈爪状。胸足基本上由7节构成，即底节、基节、座节、长节、腕节、掌节和指节。掌节在钳足中分为掌部及不动指两部分，指节在钳足中为可动指。

腹部附肢共6对，为主要游泳器官，原肢1节，内外肢皆不分节，边缘具羽状刚毛。第一腹肢两性外肢皆发达，对虾类的雌者内肢极小，雄者内肢变形为交接器。第二腹肢两性内外肢皆发达，雄者在内肢的内侧基部具一小型附属肢体，称为雄性附肢。第三腹肢、第四腹肢、第五腹肢形状相同，内外肢皆发达。第六腹肢即尾肢，原肢1节，短粗，内外肢皆宽大，与尾节合称尾扇。

（三）蟹类

游泳动物中的蟹类一般为节肢动物门、软甲纲、十足目、爬行亚目中的种类。蟹类绝大多数栖息于海洋中，而且多集中分布在深度200 m内的大陆架浅海区，很多蟹类分布于潮间带，成为半陆生的代表。有些种类则栖息于淡水中，少数种类陆生生活，还有不少蟹类与其他动物营共栖息或共生生活。

蟹类整体分为头胸部、腹部及附肢。头胸部背面覆有头甲，分成不同小区，一般和内脏位置相对应，分为额区、眼区、胃区、心区、肠区、肝区、鳃区。头胸甲的边缘根据所在位置，称为额缘、背眼缘和腹眼缘、前侧缘、后侧缘和后缘。

头胸甲腹面后部为腹甲，共分7节，一般第一至第三节愈合，第四至第七节分节清晰。雄性腹部一般较狭，三角形或长条形；雌性腹部一般圆大，呈宽圆形或长卵形。腹部肌肉退化。

头部附肢包括眼柄，第一触角，第二触角，组成口器的大颚、第一小颚和第二小颚。

胸部具有8对附肢，从前向后依次为第一至第三颚足，螯足和第一至第四步足。3对颚足与头部3对口肢合成口器。胸足一般分为7节，即底节、基节、座节、长节、腕节、前节、指节。游泳足前节、指节变成平板状。

雄性腹部附肢仅遗留有第一腹肢及第二腹肢，组成形状复杂的交接器。雌性腹部附肢在于第二至第五腹节上，共4对，分内肢、外肢，生有刚毛，用以附着并包裹卵粒。

(四）虾蛄类

节肢动物门、软甲纲、口足目的种类，俗称虾蛄。

头胸部短狭，最后4～5节胸节露出于头胸甲之后。额角的基部有关节。具有柄的复眼。触角有2对，第一对触角的柄端有3条鞭，第二对触角有叶状鳞片。头胸部一般有中央脊、侧脊和边缘脊。露出胸节有5对胸肢，其中第二对特别强大，称为捕肢，由座节、长节、腕节、掌节、指节组成。捕肢后方的3对胸肢呈叉状。胸节一般有中央脊、亚中央脊、侧脊和边缘脊。腹部长大，略扁。腹节一般有中央脊、亚中央脊、侧脊和边缘脊。尾部与尾肢具有强大的挖掘和移动功能。腹部7节，第六腹节的腹肢与尾节共成尾扇。其余5对腹肢成叉状游泳肢，其外肢上有丝状鳃。

(五）头足类

头足类是软体动物门的头足纲动物的总称，全部为海洋种类。身体两侧对称，分头、足（腕）、胴三部分。头部发达，两侧有一对发达的眼。足的一部分特化为腕和漏斗，位于头部口周围。外套膜肌肉发达，左右愈合成囊状的外套腔，内脏即容纳其中。外套两侧或后部的皮肤延伸成鳍，头足类可借鳍的波动而游泳。原始种类具外壳，多数为内壳或无壳。贝壳一般被包在外套膜内，退化形成一角质或石灰质的内骨。

头足类主要包括乌贼、枪乌贼、柔鱼和蛸类等重要经济类群。

三、闽江口游泳生物概述

（一）调查时间和区域

本书游泳生物标本图和群体结构特征参数（长度范围、重量范围和资源量状况），均取自2015年1月（冬季）、5月（春季）、8月（夏季）、11月（秋季）四个航次所采集的样品。

本书调查区域西至琅岐岛、东至马祖岛、北至黄岐半岛、南至长乐市海域，覆盖了闽江口受径流量影响较大、周年水温和盐度变化较大的海域。调查区域各季节水温、盐度、水深、pH范围，冬季：水温13.3~16.2 ℃，盐度7.0~36.2，水深7.7~22.6 m，pH 7.93~8.38；春季：水温20.4~22.2 ℃，盐度15.8~32.2，水深5.3~25.6 m，pH 8.20~9.00；夏季：水温25.6~27.7 ℃，盐度25.9~34.3，水深5.1~24.7 m，pH 8.13~8.50；秋季：水温21.5~22.7 ℃，盐度5.6~30.0，水深8.0~24.3 m，pH 6.10~8.23。

（二）生态习性

闽江口作为河口地区，是海陆交界的重要区域，也是陆地环境和海洋环境交互频繁的区域。由于地理位置、河流淡水冲刷、海洋潮汐、波浪、海流等多种因素的影响，闽江口具有复杂的理化条件和生物群落。闽江口海域水体的水温、盐度、水深等与游泳生物息息相关的环境因子往往具有较大的波动，使得游泳生物群落及其生态习性多样性较高。现将游泳生物的适温性、适盐性、栖息水层和其他生态习性进行定义，以便于对物种进行描述。

1. 按照游泳生物的适温性分类

（1）暖水种（warm water species）　一般生长、生殖适温范围高于20 ℃，自然分布区月平均水温高于15 ℃的种类，包括热带种和亚热带种。其中热带种（tropical species）为适温范围高于25 ℃的暖水种；亚热带种（subtropical species）为适温范围在20~25 ℃的暖水种。

（2）温水种（temperate species）　一般生长、生殖适温范围较广（4~20 ℃），自然分布区月平均水温变化幅度较大（0~25 ℃）的海洋生物，包括暖温带种和冷温带种。其中暖温带种（warm temperate species）为适温范围在12~20 ℃的温水种；

冷温带种（cold temperate species）为适温范围在 4 ~ 12 ℃的温水种。

（3）冷水种（cold water species）　一般生长、生殖适温不高于 4 ℃，自然分布区月平均水温不高于 10 ℃的海洋生物，包括亚寒带种和寒带种。其中亚寒带种（subcold zone species）为适温范围在 0 ~ 4 ℃的冷水种；寒带种（cold zone species）为适温范围在 0 ℃左右的冷水种。

2．按照游泳生物的适盐性分类

（1）广盐种（euryhaline species）　能忍受盐度大幅度变化的生物。这类生物是沿岸或河口的典型生物。

（2）狭盐种（stenohaline species）　只能忍受盐度变化范围不大的生物种类。

（3）海洋种（marine species）　在海洋中生活的种类。

（4）咸淡水种（brackish species）　可在河口生活的种类。

（5）淡水种（freshwater species）　在淡水中生活的种类。

3．按照游泳生物的栖息水层和生活环境分类

（1）浮游种类（plankton species）　浮游于水层中，没有或仅有微弱游泳能力随波逐流的种类。

（2）上层种类（epipelagic species）　生活在水深 200 m 以内的种类。

（3）中层种类（mesopelagic species）　生活在 200 ~ 1 000 m 水层的种类。

（4）底层种类（demersal species）　栖息于水底和近底水层的种类。

（5）底栖种类（benthic species）　栖息于水域底内或底表的种类。

（6）岩礁种类（reef species）　栖息于岩礁区水域的种类。

4．按照游泳生物洄游特性分类

（1）溯河产卵洄游种类（anadromous species）　在淡水中出生，幼鱼洄游至海洋并在其中发育至性成熟，之后溯河洄游进行产卵行为的种类。

（2）降海产卵洄游种类（catadromous species）　在海洋中出生，幼鱼洄游至淡水并在其中发育至性成熟，之后降海洄游进行产卵行为的种类。

（3）两侧洄游种类（amphidromous species）　在淡水中或者河口区出生，幼鱼期在海洋中漂流，洄游至淡水水域后发育至性成熟并产卵的种类。

（4）河湖间洄游种类（potamodromous species）　在淡水河流上游出生，幼鱼洄游至下游生长，性成熟时洄游至河流上游产卵的种类。

（5）大洋洄游种类（oceanodromous species）　在产卵场出生，幼鱼时期随海流被动洄游，性成熟后返回产卵场产卵的种类。

（三）历史资料

根据2005—2006年在闽江口及附近海域的调查，全年共出现游泳生物197种，其中头足类11种，分属4目5科8属；虾蛄类5种，分属1目1科4属；虾类23种，分属1目5科11属；蟹类29种，分属1目10科13属；鱼类129种，分属15目50科93属。

冬季出现游泳生物种类90种，其中头足类5种，虾蛄类2种，虾类18种，蟹类16种，鱼类49种。头足类的优势种为小管枪乌贼。虾蛄类的优势种为口虾蛄。虾类的优势种为哈氏仿对虾和周氏新对虾。蟹类的优势种为双斑蟳、矛形梭子蟹和日本蟳。鱼类的优势种有龙头鱼、棘头梅童鱼、凤鲚、斑海鲇、孔鰕虎鱼、赤鼻棱鳀、短吻三线舌鳎、黄鲫等。

春季出现游泳生物种类86种，其中头足类6种，虾蛄类2种，虾类15种，蟹类11种，鱼类52种。头足类的优势种为火枪乌贼。虾蛄类的优势种为口虾蛄。虾类的优势种为哈氏仿对虾和周氏新对虾。蟹类的优势种为双斑蟳。鱼类的优势种有二长犁齿棘鲷、赤鼻棱鳀、龙头鱼、日本鲭、鹿斑仰口鲾、花鲦、棘头梅童鱼、黄鲫、凤鲚、鯻、康氏侧带小公鱼、黄吻棱鳀、日本竹筴鱼、日本真鲈、斑鰶等。

夏季出现游泳生物种类126种，其中头足类7种，虾蛄类2种，虾类17种，蟹类21种，鱼类79种。头足类的优势种为小管枪乌贼。虾蛄类的优势种为口虾蛄。虾类的优势种为中华管鞭虾、哈氏仿对虾、须赤虾、刀额仿对虾。蟹类的优势种为双斑蟳、纤手梭子蟹、矛形梭子蟹、红星梭子蟹。鱼类的优势种有黄鲫、黑斑多指马鲅、皮氏叫姑鱼、鹿斑仰口鲾、带鱼、龙头鱼、大头白姑鱼、奈氏魟、及达副叶鲹、棕斑兔头鲀等。

秋季出现游泳生物种类115种，其中头足类7种，虾蛄类5种，虾类12种，蟹类21种，鱼类70种。头足类的优势种为火枪乌贼和小管枪乌贼。虾蛄类的优势种为口虾蛄。虾类的优势种为哈氏仿对虾等。蟹类的优势种为日本蟳、三疣梭子蟹、双斑蟳、锈斑蟳。鱼类的优势种有龙头鱼、赤鼻棱鳀、黑斑多指马鲅、灰鲳、皮氏叫姑鱼、鳞鳍叫姑鱼、尖嘴魟、尖头黄鳍牙䱛、黄鲫、鯻、少鳞舌鳎等。

（四）现状

根据2015年在闽江口及附近海域的调查，全年共出现游泳生物197种，其中头足类10种，分属3目4科7属；虾蛄类6种，分属1目1科5属；虾类28种，分属1目9科18属；蟹类21种，分属1目7科11属；鱼类132种，分属15目50科97属。

冬季出现游泳生物种类79种，其中头足类2种，虾蛄类4种，虾类15种，蟹类9种，鱼类49种。头足类的优势种为火枪乌贼和真蛸。虾蛄类的优势种为口虾蛄。虾类的优势种为细巧仿对虾、脊尾白虾和周氏新对虾。蟹类的优势种为双斑蟳、日本蟳、矛形梭子蟹和三疣梭子蟹等。鱼类的优势种有凤鲚、棘头梅童鱼、短吻三线舌鳎、龙头鱼、鹿斑仰口鲾、孔鰕虎鱼等。

春季出现游泳生物种类103种，其中头足类9种，虾蛄类3种，虾类14种，蟹类10种，鱼类67种。头足类的优势种为火枪乌贼。

虾蛄类的优势种为口虾蛄。虾类的优势种为细巧仿对虾、周氏新对虾、中国毛虾和哈氏仿对虾。蟹类的优势种为日本蟳、双斑蟳、三疣梭子蟹和隆线强蟹。鱼类的优势种有日本竹筴鱼、鹿斑仰口鲾、凤鲚、赤鼻棱鳀、日本鳀、短吻三线舌鳎、银鲳、二长棘犁齿鲷、绿鳍鱼、棘头梅童鱼等。

夏季出现游泳生物种类 120 种，其中头足类 6 种，虾蛄类 4 种，虾类 15 种，蟹类 16 种，鱼类 79 种。头足类的优势种为火枪乌贼和中国枪乌贼。虾蛄类的优势种为口虾蛄和断脊口虾蛄。虾类的优势种为鹰爪虾、哈氏仿对虾、细巧仿对虾、刀额仿对虾和须赤虾。蟹类的优势种为三疣梭子蟹、矛形梭子蟹、双斑蟳、纤手梭子蟹、日本蟳。鱼类的优势种有黑斑多指马鲅、白姑鱼、鹿斑仰口鲾、日本绯鲤、龙头鱼、棕斑兔头鲀、短吻三线舌鳎、横纹多纪鲀、大黄鱼等。

秋季出现游泳生物种类 80 种，其中头足类 5 种，虾蛄类 3 种，虾类 12 种，蟹类 9 种，鱼类 51 种。头足类的优势种为火枪乌贼和短蛸。虾蛄类的优势种为口虾蛄。虾类的优势种为哈氏仿对虾和周氏新对虾等。蟹类的优势种为三疣梭子蟹。鱼类的优势种有龙头鱼、黑斑多指马鲅、凤鲚、棘头梅童鱼、鹿斑仰口鲾、短吻三线舌鳎、赤鼻棱鳀等。

四、闽江口游泳生物各论

软体动物门 Mollusca

软体动物门是继节肢动物门之后的第二大动物门类,有 45 000 ~ 50 000 种海洋种,25 000 余种陆生种及 5 000 余种淡水种。在海洋中,软体动物是最重要的无脊椎动物类群之一,约占无脊椎动物种类数的 1/4。软体动物门主要特征:两侧对称;身体柔软不分节,可分为头、足和内脏团 3 部分;大多数种类具外套膜和外套膜分泌形成的贝壳;具专门的呼吸器官鳃以及由鳃和外套膜形成的"肺";后肾管排泄。软体动物门主要有无板纲、多板纲、单板纲、掘足纲、腹足纲、瓣鳃纲、头足纲等生物类群。本书仅记录头足纲种类。

头足纲 Cephalopoda

身体分为头部、足(腕)部和胴部 3 部分。除鹦鹉螺等原始种类具外壳,其余种类为内壳或无壳,蛸类的内壳仅剩痕迹,耳乌贼的内壳完全退化。头部发达,头侧具眼 1 对。足特化为 8 或 10 条腕和 1 个漏斗。腕环生于头部前方,上具吸盘。漏斗位于头部和胴部之间的腹面。口中具角质颚和齿舌,有厚实的肌肉包被。多数种类色素细胞发达。现存约 822 种,全部海产。

本书记录闭眼目、乌贼目和八腕目 3 目,共计 3 科 5 属 6 种。

闭眼目 Myopsida

头部具触腕囊。眼睛晶体覆盖角膜,眼睛无次眼睑。漏斗无侧内收缩肌。鳍具或不具后鳍垂。触腕穗无腕骨锁。腕和触腕吸盘具环肌。具发达的角质内壳。

枪乌贼科 Loliginidae

■ 小枪乌贼属 *Loliolus*

1. 火枪乌贼 *Loliolus beka* (Sasaki, 1929)

【英 文 名】beka squid。

【俗   名】鱿鱼仔、鱿仔、水兔。

【分类地位】头足纲 Cephalopoda,闭眼目 Myopsida,枪乌贼科 Loliginidae,小枪乌贼属 *Loliolus*。

【同种异名】*Loligo beka* Sasaki, 1929。

【可数性状】腕吸盘2行,吸盘角质环具宽板齿4～5个。

【可量性状】胴长为胴宽4倍。

【形态特征】体呈圆锥形,后部削直,末端钝,体表具大小相间的近圆形色素斑,分布较分散。鳍纵菱形,侧角圆,鳍长大于胴长的1/2。内壳披针叶形,后端略圆,叶柄中轴粗壮,边肋细弱(图1)。

【分布范围】1°S—38°N, 94°—135°E;印度－太平洋西部区、印度－太平洋中部区和太平洋北部温带区;北至韩国、日本海域,南至新加坡、马来西亚海域,西至缅甸海域、孟加拉湾;我国分布于渤海、黄海、东海、南海。

【生态习性】热带种,海洋种,中上层种类。洄游性不强,多栖息于近岸浅海,游泳能力较弱。主要以小型虾类和小型鱼类为食,同时也是大型鱼类的饵料。亲体产卵后一般死亡。

【渔业利用】次要经济种类。

【群体特征】见表1。

表1 火枪乌贼群体特征

群体特征	春季	夏季	秋季	冬季
胴长(mm)	12～125	18～199	12～112	25～69
体重(g)	0.8～88.7	0.6～117.2	0.8～74.9	1.5～23.7
资源量	++	++	+++	++

注:"+++"表示资源量丰富;"++"表示资源量一般;"+"表示资源量很少;"-"表示本航次没有出现或无数据。全书以下同。

四、闽江口游泳生物各论

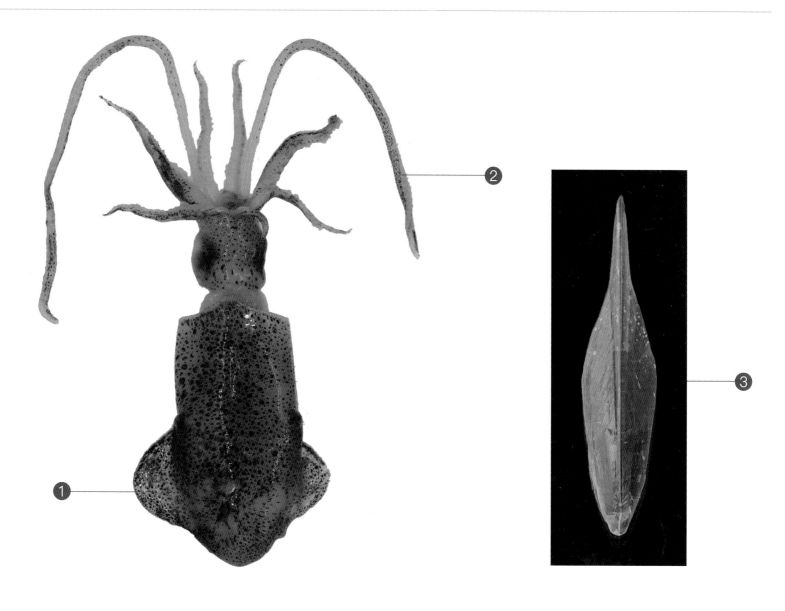

图 1　火枪乌贼

❶ 鳍为菱形，一般超过胴长的1/2，体表具近圆形色素斑

❷ 触腕穗大吸盘角质环具大小一致的尖齿，腕吸盘角质环具4～5个宽板齿

❸ 内壳角质，披针叶形，后部略圆，中轴粗壮，边肋细弱，叶脉细密

■ 尾枪乌贼属 *Uroteuthis*

2. 中国枪乌贼 *Uroteuthis chinensis* (Gray, 1849)

【英 文 名】mitre squid。

【俗　　名】本港鱿鱼、台湾锁管、长筒鱿。

【分类地位】头足纲 Cephalopoda，闭眼目 Myopsida，枪乌贼科 Loliginidae，尾枪乌贼属 *Uroteuthis*。

【同种异名】*Loligo chinensis* Gray, 1849；*Loligo etheridgei* Berry, 1918；*Loligo formosana* Sasaki, 1929。

【可数性状】腕吸盘2行，吸盘角质环具尖齿8～9个。

【可量性状】胴长为胴宽的7倍。

【形态特征】体呈圆锥形，细长，后部削直，后部顶端钝，腹部中线无纵皱，体表具大小相间的近圆形的色素斑。鳍长超过胴长的1/2，两鳍相接略呈纵菱形。内壳角质，羽状，后部略尖，中轴粗壮，边肋细弱，叶脉细密（图2）。

【分布范围】30°S—34°N，99°—154°E；印度 - 太平洋西部区、印度 - 太平洋中部区和太平洋北部温带区；北至日本海域，南至澳大利亚中部海域，西至印度海域，向东一般不超过中国台湾海峡；中国分布于东海、南海。

【生态习性】热带种，海洋种，底栖种类。具有昼夜垂直移动现象，洄游性不强。主要栖息于较浅海域，肉食性，以中上层鱼类和虾类为食。亲体产卵后一般死亡。

【渔业利用】我国南海群体最大、经济价值最高的头足类。

【群体特征】见表2。

表2　中国枪乌贼群体特征

群体特征	春季	夏季	秋季	冬季
胴长（mm）	—	23～206	45～127	—
体重（g）	—	1.9～161.7	6.2～81.8	—
资源量	—	++	+	—

四、闽江口游泳生物各论

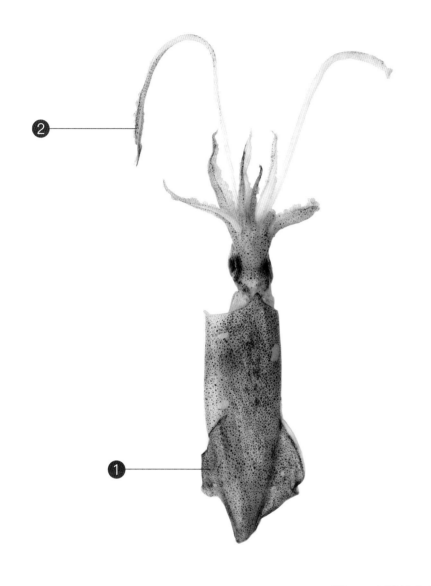

图 2　中国枪乌贼

❶ 鳍为菱形，一般超过胴长的1/2，体表具近圆形的色素斑
❷ 触腕穗大吸盘角质环具大小不等、排列整齐的尖齿，腕吸盘角质环具尖齿
❸ 内壳角质，披针叶形，后部略尖，中轴粗壮，边肋细弱

乌贼目 Nautiloidea

头部具触腕囊。眼睛晶体覆盖角膜，且具次眼睑。漏斗具侧内收肌。外套锁未至外套前缘。两鳍完全分离，通常具游离的后鳍垂。触腕穗无腕骨锁，触腕穗吸盘具角质环，具环肌。腕吸盘具环肌。齿舌为同齿型，各齿单尖。具扁平的石灰质内壳或角质内壳（耳乌贼科），或消失。

耳乌贼科 Sepiolidae

■ 四盘耳乌贼属 *Euprymna*

3. 柏氏四盘耳乌贼 *Euprymna berryi* Sasaki, 1929

【英　文　名】Berry's bobtail squid, double-ear bobtail, humming-bird bobtail squid。

【俗　　　名】双耳墨。

【分类地位】头足纲 Cephalopoda，乌贼目 Sepioidea，耳乌贼科 Sepiolidae，四盘耳乌贼属 *Euprymna*。

【同种异名】*Euprymna morsei* Steenstrup, 1887。

【可数性状】腕吸盘4行。

【可量性状】胴长为胴宽的1.4倍。

【形态特征】体呈圆袋形，背部前端与头愈合部约为头宽的2/3。体表具大量色素斑，其中一些较大，紫褐色色素明显。鳍较小，近圆形，位于外套两侧，鳍长约为胴长的2/5。具角质内壳（图3）。

【分布范围】21°—43°N，112°—142°E；印度-太平洋中部区和太平洋北部温带区；中国、日本海域；中国分布于东海、南海。

【生态习性】亚热带种，海洋种，中上层种类。常栖息于较浅海域。亲体产卵后一般死亡。

【渔业利用】底拖网中常见，次要经济种。

【群体特征】见表3。

表3 柏氏四盘耳乌贼群体特征

群体特征	春季	夏季	秋季	冬季
胴长（mm）	15～17	15～32	—	—
体重（g）	1.9～2.9	1.9～10.2	—	—
资源量	+	+	—	—

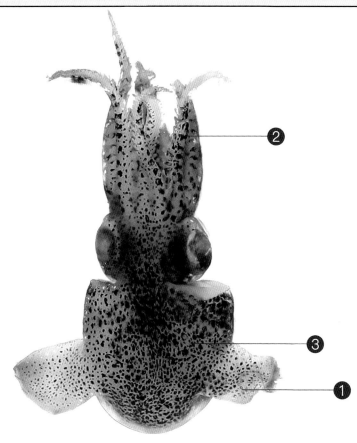

图3 柏氏四盘耳乌贼

❶ 鳍为中鳍型

❷ 腕吸盘4行，角质环不具齿，雄性每腕吸盘100个左右

❸ 体表具紫褐色色素斑

八腕目 Octopoda

体短而紧凑，头与外套在颈部愈合。腕8只。吸盘柄为宽的肌肉柱。鳍亚端生，两鳍广泛分离或不具鳍。无漏斗阀。卵管腺亚端生，某些部分具受精囊功能。外套具背腔，无颈软骨。

蛸科 Octopodidae

■ 两鳍蛸属 *Amphioctopus*

4. 短蛸 *Amphioctopus fangsiao* (d'Orbigny, 1839)

【英 文 名】gold-spot octopus。

【俗　　名】短爪章、饭蛸、坐蛸、短腿蛸。

【分类地位】头足纲 Cephalopoda，八腕目 Octopoda，蛸科 Octopodidae，两鳍蛸属 *Amphioctopus*。

【同种异名】*Octopus areolatus* De Haan, 1839；*Octopus brocki* Ortmann, 1888；*Octopus fangsiao etchuanus* Sasaki, 1929；*Octopus ocellatus* Gray, 1849。

【可数性状】腕吸盘2行。

【可量性状】腕长为胴长的3～4倍。

【形态特征】体呈卵圆形，体表具很多近圆形颗粒。每眼前方，第二对腕和第三对腕之间，生有椭圆形大金圈；背面两眼间有一纺锤形的浅色斑。漏斗器W形。腕短，各腕长相近（图4）。

【分布范围】印度-太平洋中部区和太平洋北部温带区；中国、朝鲜、日本海域；中国分布于渤海、黄海、东海、南海。

【生态习性】冷温带种，底栖种类。洄游性不强，常栖息于较浅海域，繁殖期会到达潮间带。亲体产卵后一般死亡。

【渔业利用】我国北方沿岸蛸类最重要的经济种之一。

【群体特征】见表4。

表4 短蛸群体特征

群体特征	春季	夏季	秋季	冬季
胴长（mm）	31～62	14～47	21～62	—
体重（g）	19.6～77.0	5.0～49.3	9.2～84.6	—
资源量	+	++	++	—

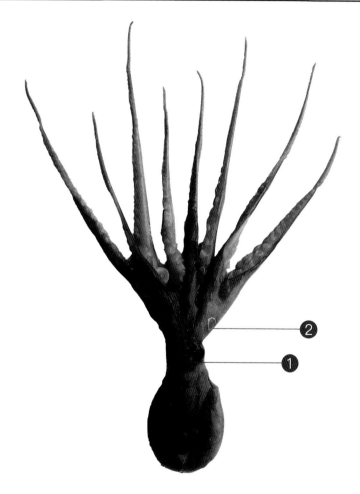

图4 短蛸

① 背面两眼间有一纺锤形的浅色斑

② 每眼前方，第二对腕和第三对腕之间，生有椭圆形大金圈

■ 蛸属 *Octopus*

5. 真蛸 *Octopus vulgaris* Cuvier, 1797

【英 文 名】common octopus。

【俗　　名】母猪章。

【分类地位】头足纲 Cephalopoda，八腕目 Octopoda，蛸科 Octopodidae，蛸属 *Octopus*。

【同种异名】*Octopus rugosus* (Bosc, 1792)；*Octopus vulgare* Cuvier, 1797；*Octopus brevitentaculatus* Blainville, 1826；*Octopus cassiopeia* Gray, 1849；*Octopus coerulescentes* Arbanasich, 1895。

【可数性状】腕吸盘2行。

【可量性状】胴长为胴宽的4～5倍。

【形态特征】体呈卵圆形，稍长，体表光滑，具极细小的色素点斑，背部具一些明显的白点斑。漏斗器W形。腕短，腕粗壮，各腕长相近，背腕略短（图5）。

【分布范围】38°S—57°N，98°W—146°E；除南极、北极海域外，世界其他海域均有记录；我国分布于东海、南海。

【生态习性】热带种，海洋种，底栖种类。岩礁种类，大洋洄游种类。生活区域较广，可扩展至温带区甚至寒带区边缘，但主要栖息于暖水海域。以甲壳类、双壳类及底栖性鱼类、头足类为食。

【渔业利用】我国南方近海经济种。

【群体特征】见表5。

表5　真蛸群体特征

群体特征	春季	夏季	秋季	冬季
胴长（mm）	35～55	—	—	32～63
体重（g）	7.9～46.4	—	—	28.5～142.8
资源量	+	—	—	++

四、闽江口游泳生物各论

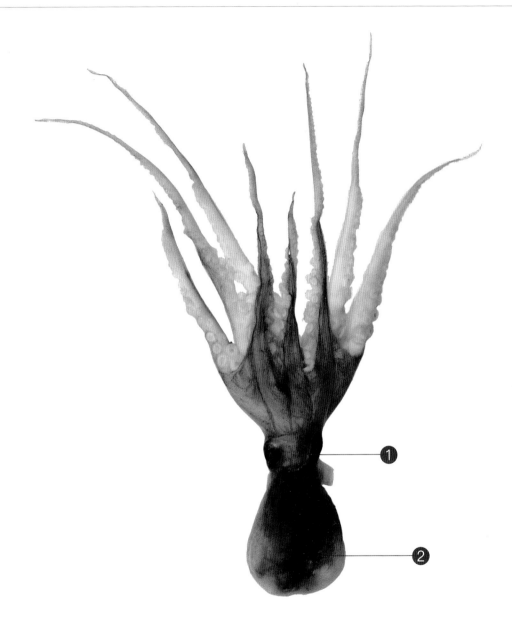

图 5　真蛸

1. 背面两眼间没有浅色斑
2. 体表光滑，具极细小的色素点斑

6. 长蛸 *Octopus minor* (Sasaki, 1920)

【英 文 名】long arm octopus。

【俗　　名】赤牡、长爪章、石拒。

【分类地位】头足纲 Cephalopoda，八腕目 Octopoda，蛸科 Octopodidae，蛸属 *Octopus*。

【同种异名】*Polypus variabilis pardalis* Sasaki, 1929；*Polypus variabilis typicus* Sasaki, 1929。

【可数性状】腕吸盘2行。

【可量性状】胴长为胴宽的2倍，腕长为胴长的6~7倍。

【形态特征】体呈长卵形，体松软，体表具不规则大小的疣突与乳突。颈部窄，向内收缩。两眼上方各具5~8个突起，其中1个扩大。各腕长不等，第一腕最粗、最长，约为第三和第四腕长的2倍（图6）。

【分布范围】26°—41°N, 115°—141°E；印度-太平洋中部区和太平洋北部温带区；中国、韩国、日本海域；中国分布于渤海、黄海、东海、南海。

【生态习性】暖温带种，海洋种，底栖种类。栖息于较浅海域，繁殖期会到达潮间带，具有穴居习性。凶猛肉食性种类，以蟹类、贝类和多毛类为食。

【渔业利用】次要经济种类。

【群体特征】见表6。

表6　长蛸群体特征

群体特征	春季	夏季	秋季	冬季
胴长（mm）	92~140	67~82	59	—
体重（g）	562.7~980.0	118.6~386.7	87.6	—
资源量	+	+	+	—

四、闽江口游泳生物各论

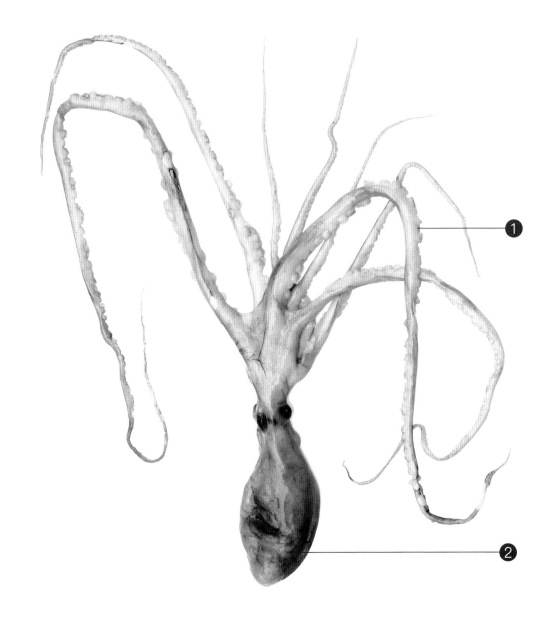

图 6　长蛸

❶　腕较长，为胴长的6～7倍，第一腕最长、最粗，约为第三和第四腕长的2倍

❷　体表光滑，具极细小的色素点斑

节肢动物门 Arthropoda

节肢动物门是动物界最大的一个门，全世界有 500 万～1000 万种，约占动物界总种数 80%。主要特征为两侧对称，异律分节。身体以及足分节，可分为头、胸、腹 3 部，或头部与胸部愈合为头胸部，或胸部与腹部愈合为躯干部，每一体节上有一对附肢。体外覆盖几丁质外骨骼，又称表皮或角质层。附肢的关节可活动。生长过程中要定期蜕皮。循环系统为开管式。水生种类的呼吸器官为鳃或书鳃，陆生的为气管或书肺或兼有。神经系统为链状神经系统，有各种感觉器官。多雌雄异体，生殖方式多样，一般为卵生。可分为螯肢亚门 Chelicerata、甲壳亚门 Crustacea、六足亚门 Hexapoda、多足亚门 Myriapoda 和三叶虫亚门 Trilobitomorpha 5 个亚门，其中螯肢亚门、六足亚门和三叶虫亚门全为海洋种类。

软甲纲 Malacostraca

属于节肢动物门、甲壳亚门，为甲壳亚门中最高等、形态结构最复杂的一纲。身体基本上保持虾形，或缩短为蟹形。十足目和磷虾目头部与胸部体节愈合，形成头胸部，外被头胸甲。糠虾目、涟虫目、口足目头部仅覆盖部分胸节，形成头胸甲。等足目、端足目、山虾目、原足目等头部仅与胸部第一节或前两节愈合，不构成明显的头胸甲。躯干部（包括胸部、腹部）一般由 15 节构成，其中胸部 8 节，腹部 7 节，最末节为尾节。除尾节外，其余各节都有附肢 1 对。第一触角常为双肢型。第二触角外肢有时特化为鳞片，有时全缺。大颚多分化为切齿部和臼齿部，外侧常有触须。

本书记录口足目和十足目 2 目，共计 11 科 23 属 32 种。

口足目 Stomatopoda

通称虾蛄或螳螂虾。身体背腹扁平，背甲小，楯形。头部仅与第一和第二胸节愈合，第三、第四胸节退化，第五、第六胸节分节清楚。腹部及尾节均很发达，且分节清楚，整个背部具脊或棘。第一对触角三叉型，第二对触角具宽大鳞片。前 5 对胸足具螯，其中第二对胸足特别发达。后 3 对胸足细长无螯。具鳃。

虾蛄科 Squillidae

■ 口虾蛄属 *Oratosquilla*

7. 口虾蛄 *Oratosquilla oratoria* (De Haan, 1844)

【英 文 名】Japanese squillid, mantis shrimp。

【俗　　名】虾蛄、虾拔弹、琵琶蟹。

【分类地位】软甲纲 Malacostraca，口足目 Stomatopoda，虾蛄科 Squillidae，口虾蛄属 *Oratosquilla*。

【同种异名】*Squilla oratoria* De Haan, 1844。

【形态特征】额宽略大于长，前端圆。头胸甲比一般的种类较宽广，前侧角成锐刺，两侧各有5条纵脊，中央脊近前端部分呈Y形，在深陷的颈沟周围的胃部高起。胸部第五至第八节各有2对纵脊；第五至第七胸节的侧突各分前后两瓣。第五胸节的前瓣侧突长而尖锐且曲向前侧方，后瓣短小而直向侧方（图7）。

【分布范围】印度－太平洋中部区和太平洋北部温带区；北至俄罗斯海域，南至菲律宾海域，西至越南海域；我国分布于渤海、黄海、东海、南海。

【生态习性】亚热带种，咸淡水种，底栖种类。常穴居于近岸地形较平缓的海域，潮间带也有分布。通过摇动腹部鳃肢与水体接触进行呼吸。主要以甲壳类、软体动物、多毛类和鱼类为食，偶尔摄食植物性饵料。是许多经济鱼类和甲壳类的饵料生物。

【渔业利用】我国沿岸最具优势的口足类经济种。

【群体特征】见表7。

表7　口虾蛄群体特征

群体特征	春季	夏季	秋季	冬季
头胸甲长（mm）	9～32	11～31	13～33	11～37
体长（mm）	40～140	50～125	66～133	47～158
体重（g）	1.7～33.0	1.8～29.9	3.7～33.0	0.6～34.0
资源量	+++	++	++	+++

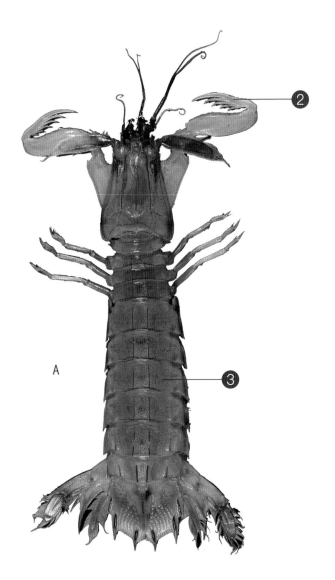
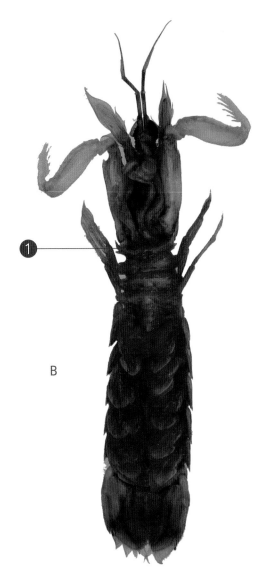

图 7　口虾蛄
A. 背面　　B. 腹面（雌性）

① 第五胸节侧突分前后两瓣

② 捕肢掌节具栉状齿

③ 体表颜色单一，无黑色斑纹

■ 似口虾蛄属 *Oratosquillina*

8. 断脊口虾蛄 *Oratosquillina interrupta* (Kemp, 1911)

【英 文 名】无。

【俗　　名】断脊小口虾蛄。

【分类地位】软甲纲 Malacostraca，口足目 Stomatopoda，虾蛄科 Squillidae，似口虾蛄属 *Oratosquillina*。

【同种异名】*Oratosquilla arabica* Ahmed, 1971；*Squilla interrupta* Kemp, 1911。

【形态特征】额角板宽而呈四方形。头胸甲的中央脊明显与叉裂中断。捕肢的指节具有6齿；长节外缘具有长结刺；腕节脊分为两个相等的圆突。第五及第六胸节具有双侧突。第五及第六腹节的亚中央脊有刺；第四至第六腹节的中间脊有刺；第三至第六腹节的侧脊有刺；第一至第五腹节的边缘脊有刺。尾柄的中央脊具一褐色圆点（图8）。

【分布范围】印度-太平洋西部区、印度-太平洋中部区和太平洋北部温带区；北至日本海域，南至澳大利亚海域，西至印度、巴基斯坦海域和阿拉伯海；我国分布于东海、南海。

【生态习性】热带种，海洋种，底栖种类。

【渔业利用】常与口虾蛄混在一起，数量较少，次要经济种。

【群体特征】见表8。

表8　断脊口虾蛄群体特征

群体特征	春季	夏季	秋季	冬季
头胸甲长（mm）	17～32	19～34	9～33	17
体长（mm）	67～142	84～130	36～130	70
体重（g）	3.5～28.2	6.7～26.5	0.6～29.2	8.0
资源量	++	++	+	+

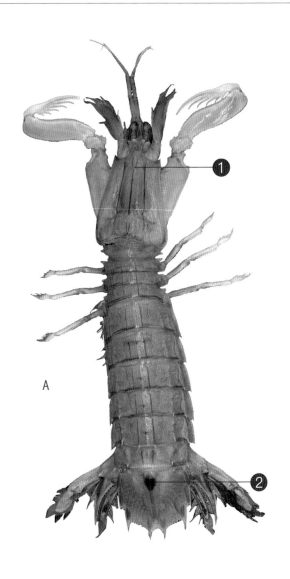
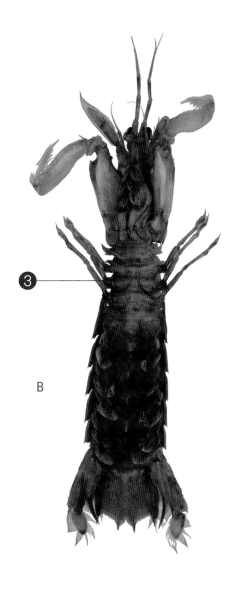

图 8　断脊口虾蛄
A. 背面　　B. 腹面（雄性）

① 头胸甲中央脊不相连，中间有隔断
② 尾柄的中央脊具一褐色圆点
③ 雄性第三步足内侧具一对棒状交接器

■ 网虾蛄属 *Dictyosquilla*

9. 窝纹网虾蛄 *Dictyosquilla foveolata* (Wood-Mason, 1895)

【英 文 名】无。

【俗　　名】无。

【分类地位】软甲纲 Malacostraca，口足目 Stomatopoda，虾蛄科 Squillidae，网虾蛄属 *Dictyosquilla*。

【同种异名】*Squilla foveolata* Wood-Mason, 1895。

【形态特征】额具有中央脊。头胸甲、腹部的背面均密布小的凹陷而成粗糙的网状纹。第五胸节侧突前后瓣都较短，末端略尖；第六胸节侧突的前后瓣特别粗大而末端圆；第七胸节侧突前瓣短尖，后瓣粗钝；第八胸节侧突仅一短尖齿。捕肢的长节下缘远端圆而不尖。尾肢内叉外缘具一凹陷，内缘前部有微小齿。肛门后有一纵脊（图9）。

【分布范围】印度 – 太平洋西部区、印度 – 太平洋中部区和太平洋北部温带区；西至马达加斯加海域，东至日本海域，中国、日本、越南、缅甸海域均有分布；中国分布于东海、南海。

【生态习性】热带种，海洋种，底栖种类。生活于10～20 m的近海软泥中。

【渔业利用】数量较少，非经济种。

【群体特征】见表9。

表9　窝纹网虾蛄群体特征

群体特征	春季	夏季	秋季	冬季
头胸甲长（mm）	—	20～30	—	—
体长（mm）	—	86～124	—	—
体重（g）	—	9.1～20.0	—	—
资源量	—	+	—	—

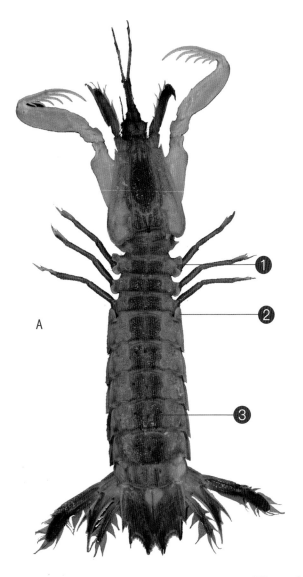 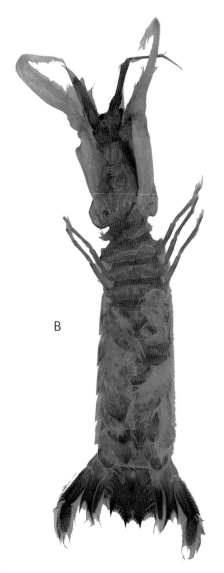

图 9　窝纹网虾蛄
A. 背面　　B. 腹面（雌性）

① 第六胸节侧突前后瓣都特别粗大而末端圆

② 第八胸节侧突仅一短尖齿

③ 头胸甲及腹节背面密布粗糙的网状纹

■ 褶虾蛄属 *Lophosquilla*

10. 脊条褶虾蛄 *Lophosquilla costata* (De Haan, 1844)

【英 文 名】无。

【俗   名】无。

【分类地位】软甲纲 Malacostraca，口足目 Stomatopoda，虾蛄科 Squillidae，褶虾蛄属 *Lophosquilla*。

【同种异名】*Squilla costata* De Haan, 1844 (Basionym)。

【形态特征】额顶圆，额角长大于宽，侧缘隆起。头胸甲较长，后部多颗粒状隆起，头胸甲的中央脊在前端分叉处不中断，前侧角呈锐刺状。第五至第八胸节和各腹节及尾节都密布纵行脊与长短不等的颗粒状突起。捕肢指节有6～7齿。尾节缘刺都很长，尾节中央棘最前端有一棕红色圆斑（图10）。

【分布范围】印度-太平洋西部区、印度-太平洋中部区和太平洋北部温带区；北至日本海域，南至澳大利亚海域，西至马达加斯加海域；我国分布于东海、南海。

【生态习性】热带种，海洋种，底栖种类。生活于海底泥沙中。

【渔业利用】数量较少，非经济种。

【群体特征】见表10。

表10 脊条褶虾蛄群体特征

群体特征	春季	夏季	秋季	冬季
头胸甲长（mm）	-	-	-	18
体长（mm）	-	-	-	77
体重（g）	-	-	-	4.7
资源量		+		-

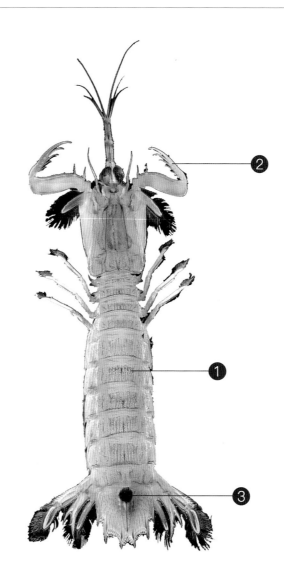

图 10　脊条褶虾蛄

1. 第五至第八胸节和各腹节及尾节都密布纵行脊与长短不等的颗粒状突起
2. 捕肢指节有6～7齿
3. 尾节中央棘最前端有一棕红色圆斑

■ 猛虾蛄属 *Harpiosquilla*

11. 猛虾蛄 *Harpiosquilla harpax* (De Haan, 1844)

【英 文 名】robber harpiosquillid, mantis shrimp。

【俗　　名】无。

【分类地位】软甲纲 Malacostraca，口足目 Stomatopoda，虾蛄科 Squillidae，猛虾蛄属 *Harpiosquilla*。

【同种异名】*Squilla harpax* De Haan, 1844；*Harpiosquilla malagasiensis* Manning, 1978；*Harpiosquilla paradipa* Ghosh, 1987。

【形态特征】属于较大型的种类。额角略呈锥形，无中央刺，略超出眼柄基部。头胸甲前侧角尖锐突出，后侧角圆形，具3条明显的纵脊，中央脊的前部分不分叉，后端延伸至头胸甲末缘3/4。腹部各节背面纵脊不明显，第二至第五腹节正中具细小刺，两侧缘各有1对强壮刺。第六腹节后缘平，亚中央脊粗大，亚中央齿及中央齿尖锐。尾节宽稍大于长，背面仅具1条中央纵脊，中央脊近基部左右各有一相连的椭圆形黑斑（图11）。

【分布范围】印度－太平洋西部区、印度－太平洋中部区和太平洋北部温带区；北至日本、韩国海域，南至澳大利亚海域，西至东非沿岸海域，东至新喀里多尼亚海域，红海亦有分布；我国分布于东海、南海。

【生态习性】热带种，海洋种，底栖种类。常栖息于沿岸泥沙底质河口、内湾及沿岸海域。

【渔业利用】个体较大，在我国南海北部陆架区为优势种。

【群体特征】见表11。

表11　猛虾蛄群体特征

群体特征	春季	夏季	秋季	冬季
头胸甲长（mm）	44～51	35	15～49	－
体长（mm）	186～192	156	81～198	－
体重（g）	58.0～70.9	41.0	4.9～95.0	－
资源量	+	+	+	－

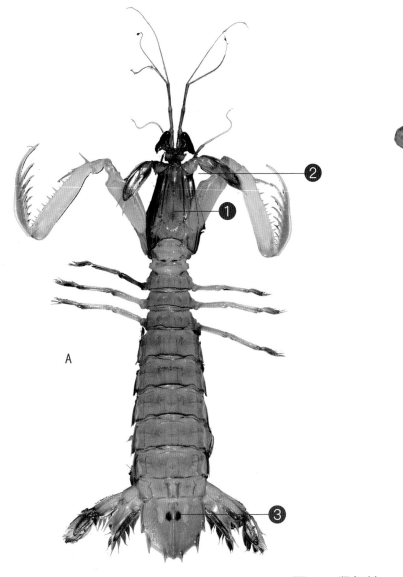
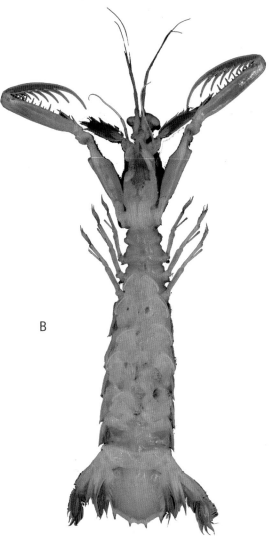

图 11　猛虾蛄
A. 背面　　B. 腹面（雌性）

❶　体型较大，额角略呈锥形

❷　头胸甲前侧角尖锐突出

❸　中央脊近基部左右各有一相连的椭圆形黑斑

十足目 Decapoda

甲壳动物亚门中最大的一目，包括虾类和蟹类。体分头胸部和腹部。头胸部具发达的头胸甲，腹部发达（虾类）或退化而折于头胸甲下（蟹类）。第二小颚外肢发达，形成颚舟叶。胸肢前3对特化为颚足，后5对为步足。鳃数列，着生在胸肢基部、胸部侧壁或其间的关节膜上。

对虾科 Penaeidae

■ 对虾属 *Penaeus*

12. 日本对虾 *Penaeus japonicus* Spence Bate, 1888

【英 文 名】kuruma prawn, Japanese shrimp。

【俗   名】竹节虾、斑节虾、九节虾。

【分类地位】软甲纲 Malacostraca，十足目 Decapoda，对虾科 Penaeidae，对虾属 *Penaeus*。

【同种异名】*Marsupenaeus japonicus* (Spence Bate, 1888)。

【形态特征】额角上缘8~10齿，下缘1~2齿；额角侧沟较深，几伸至头胸甲后缘；额角后脊伸至头胸甲后缘，其上具中央沟。头胸甲上具触角刺、肝刺及胃上刺；具明显的肝脊；有明显的额胃沟和额胃脊，额胃沟在额角基部向后伸至胃区前方，其后端分叉；具较宽的眼眶触角沟，眼胃脊较长。第四腹节背面后半部及第五、第六腹节背面脊起，第六腹节侧面有3条排成一列的斜向凸起刻纹。体具棕色和蓝色相间的条纹（图12）。

【分布范围】26°S—45°N，32°—155°E；印度-太平洋西部区、印度-太平洋中部区和太平洋北部温带区；北至朝鲜海域，南至澳大利亚海域，西至肯尼亚、马达加斯加海域，东至巴布亚新几内亚海域，红海、亚丁湾、波斯湾和阿曼湾亦有分布；我国分布于东海、南海。

【生态习性】热带种，海洋种，底栖种类。栖息于泥沙底质海域。幼体在盐度较低的河口，成体向深水区迁移。主要以底栖生物为食。

【渔业利用】体型较大，肉质鲜美，为重要的海水虾类养殖品种。由于天然海区资源量下降且人工育苗技术成熟，成为增殖放流的重要对象。

【群体特征】见表12。

表12 日本对虾群体特征

群体特征	春季	夏季	秋季	冬季
头胸甲长（mm）	-	23～52	-	15～28
体长（mm）	-	72～153	-	50～102
体重（g）	-	5.1～30.0	-	3.2～8.6
资源量	-	+	-	+

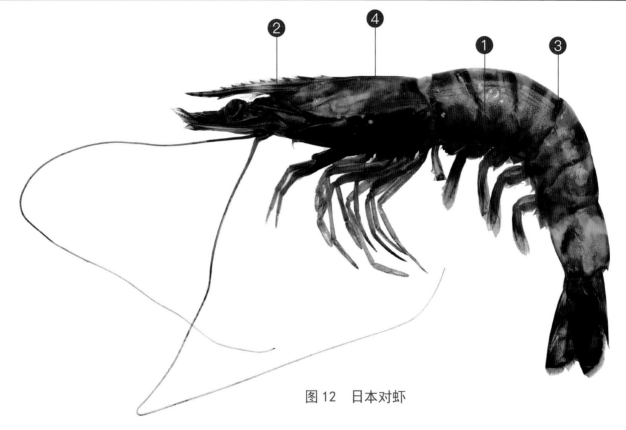

图12 日本对虾

① 第一腹节侧甲在第二腹节侧甲之上

② 额角上下缘均具齿，上缘8～10齿，下缘1～2齿

③ 活体具棕色和蓝色相间的条纹

④ 额角侧沟较深，几伸至头胸甲后缘；斑节对虾额角侧沟仅至胃上刺上方

■ 赤虾属 *Metapenaeopsis*

13. 须赤虾 *Metapenaeopsis barbata* (De Haan, 1844)

【英 文 名】red rice prawn, whiskered velvet shrimp。

【俗   名】厚壳虾。

【分类地位】软甲纲 Malacostraca，十足目 Decapoda，对虾科 Penaeidae，赤虾属 *Metapenaeopsis*。

【同种异名】*Penaeus barbatus* De Haan, 1844；*Parapenaeus barbatus* (De Haan, 1844)；*Trachypenaeus barbatus* (De Haan, 1844)；*Penaeopsis barbatus* (De Haan, 1844)；*Parapenaeus akayebi* Rathbun, 1902；*Penaeus akayebi* (Rathbun, 1902)；*Penaeopsis akayebi* (Rathbun, 1902)。

【形态特征】体表被短毛。额角达或略超过第一触角柄的末端，上缘具6~7齿。头胸甲上具触角刺、颊刺，胃上刺及肝刺，眼上刺甚微小。第二至第六腹节背面中央具纵脊，尤以第三腹节最为明显，第五、第六腹节的末端突出成刺。尾节背面两侧具3对可动刺，第一对位于尾节的中部，第三对位于尾节的3/4处，在第三对可动刺之后有1对固定刺（图13）。

【分布范围】印度-太平洋西部区、印度-太平洋中部区和太平洋北部温带区；北至朝鲜海域，南至努沙登加拉群岛海域，西至缅甸海域；我国分布于东海、南海。

【生态习性】热带种，海洋种，底栖种类。栖息于底质为粉沙或黏土的近海海域。

【渔业利用】我国赤虾类中最重要的一种渔业资源，是浙江、福建、广东主要的虾类捕捞对象之一。

【群体特征】见表13。

表13 须赤虾群体特征

群体特征	春季	夏季	秋季	冬季
头胸甲长（mm）	-	11~22	-	15~26
体长（mm）	-	48~84	-	59~96
体重（g）	-	1.0~7.0	-	1.7~10.8
资源量	-	++	-	+

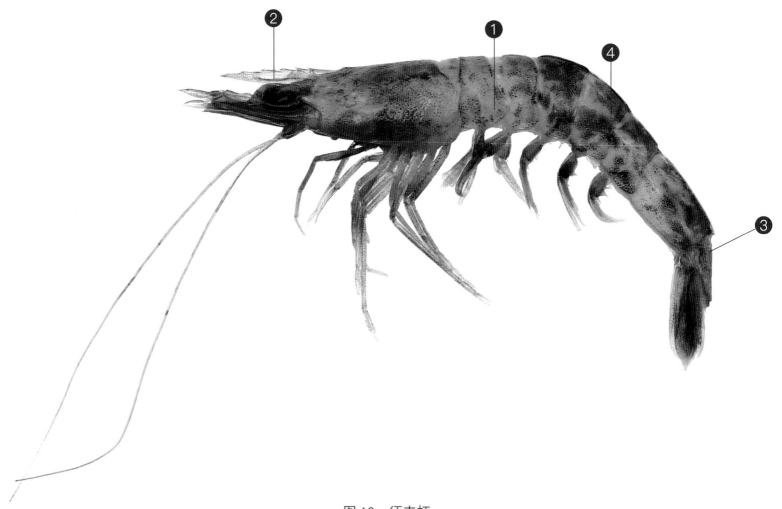

图 13　须赤虾

① 第一腹节侧甲在第二腹节侧甲之上
② 额角平直，仅上缘具6~7齿
③ 尾节近末端具1对固定刺
④ 体具棕红色或紫色斜斑纹

■ 新对虾属 *Metapenaeus*

14. 周氏新对虾 *Metapenaeus joyneri* (Miers, 1880)

【英 文 名】shiba shrimp, crevette siba。

【俗　　名】芝虾、麻虾、黄虾。

【分类地位】软甲纲 Malacostraca,十足目 Decapoda,对虾科 Penaeidae,新对虾属 *Metapenaeus*。

【同种异名】*Penaeus joyneri* Miers, 1880；*Parapenaeus joyneri* (Miers, 1880)；*Penaeopsis joyneri* (Miers, 1880)；*Penaeus pallidus* Kishinouye, 1897。

【形态特征】甲壳薄，表面有许多凹下部分，其上密生短毛。额角比头胸甲短，上缘基部2/3处具6~8齿，末端略向上升起，下缘无齿；额角侧脊沟延伸至胃上刺前方；额角后脊延伸至头胸甲后缘附近。头胸甲上颈沟、心鳃沟和心鳃脊明显，肝沟明显且其下缘极深；具肝刺和触角刺。腹部各节背面均具纵脊，第一腹节背脊短小。尾节稍长于第六腹节，末端尖细，无侧刺。甲壳薄而呈半透明，带浅黄色，并散布有棕灰色小斑点（图14）。

【分布范围】5°S—40°N, 105°—141°E；印度-太平洋中部区和太平洋北部温带区；北至朝鲜海域，南至印度尼西亚海域，西至越南海域；我国分布于东海、南海。

【生态习性】亚热带种，咸淡水种，底层种类。广盐种，常栖息于河口外沿岸海域。5月进行生殖洄游，6—7月产卵。

【渔业利用】我国沿岸常见的虾类资源，常成为虾类渔获物中的优势种。人工育苗及养殖技术已成熟。

【群体特征】见表14。

表14　周氏新对虾群体特征

群体特征	春季	夏季	秋季	冬季
头胸甲长（mm）	18~30	12~38	14~32	16~30
体长（mm）	51~121	55~113	64~97	72~104
体重（g）	4.4~24.4	1.4~15.7	2.1~11.0	2.9~11.9
资源量	++	+	++	++

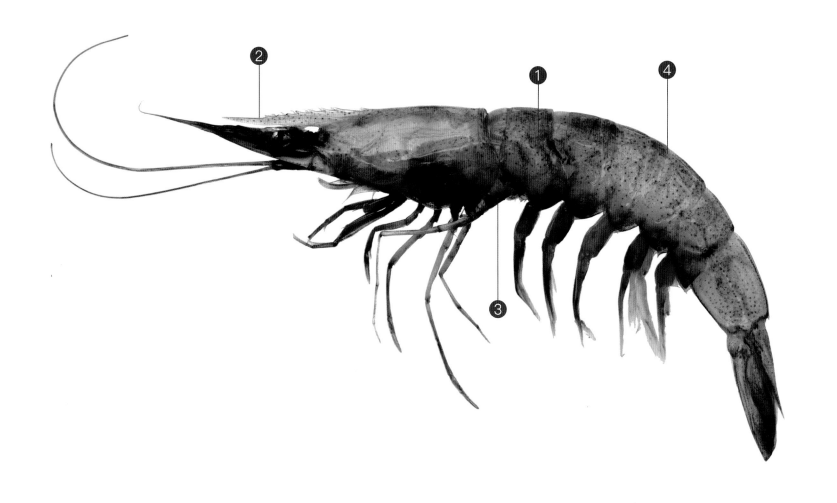

图 14　周氏新对虾

① 第一腹节侧甲在第二腹节侧甲之上

② 额角前端微翘，仅上缘基部2/3处具6～8齿，前部无齿

③ 第五步足无外肢

④ 甲壳薄而呈半透明，带浅黄色，散布有棕灰色小斑点

15. 刀额新对虾 *Metapenaeus ensis* (De Haan, 1844)

【英 文 名】offshore greasyback shrimp。

【俗　　名】泥虾、麻虾、虎虾。

【分类地位】软甲纲 Malacostraca，十足目 Decapoda，对虾科 Penaeidae，新对虾属 *Metapenaeus*。

【同种异名】*Penaeus ensis* De Haan, 1844；*Penaeopsis ensis* (De Haan, 1844)；*Penaeus mastersii* Haswell, 1878；*Metapenaeus mastersii* (Haswell, 1878)；*Penaeopsis mastersii* (Haswell, 1878)。

【形态特征】体表有许多凹陷部分，其上生有短毛。额角近水平伸出，上缘7~9齿，下缘无齿，额角后脊较低，伸至头胸甲后缘附近。头胸甲上有明显的心鳃沟及心鳃脊，肝沟明显；具触角刺、肝刺及眼上刺。第四至第六腹节背面具纵脊。尾节背面中央具一纵沟，但无侧刺。体表浅棕色，布深棕色斑点。尾扇稍红（图15）。

【分布范围】35°S—36°N，72°E—165°W；印度-太平洋西部区、印度-太平洋中部区和太平洋北部温带区；北至朝鲜、日本海域，南至澳大利亚海域，西至印度、斯里兰卡海域，东至汤加群岛、斐济群岛海域；我国分布于东海、南海。

【生态习性】热带种，咸淡水种，底栖种类。广盐种，对底质选择性不强。幼体生活于低盐河口区，成体向水深较深、盐度较高的海区迁移。

【渔业利用】我国沿岸常见的虾类资源，常成为虾类渔获物中的优势种。南海产量较高。人工育苗养殖技术较成熟。

【群体特征】见表15。

表15　刀额新对虾群体特征

群体特征	春季	夏季	秋季	冬季
头胸甲长（mm）	24	7~34	22	—
体长（mm）	87	30~118	67	—
体重（g）	7.2	0.1~16.5	4.1	—
资源量	+	+	+	—

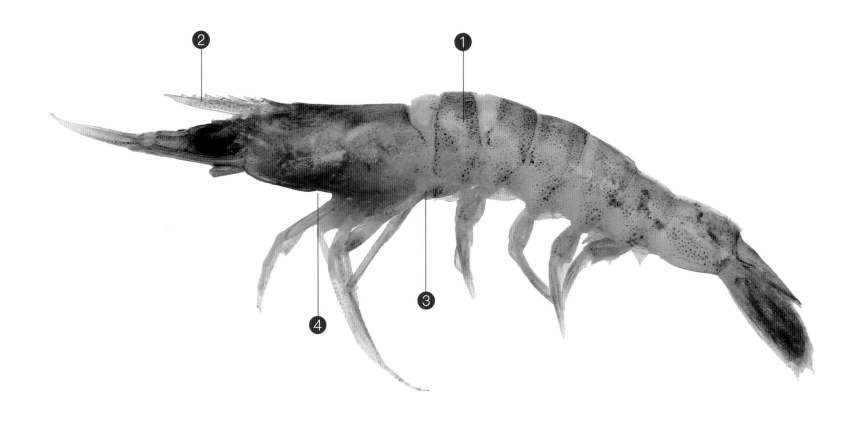

图 15　刀额新对虾

1. 第一腹节侧甲在第二腹节侧甲之上
2. 额角近水平伸出，上缘具7~9齿
3. 第五步足无外肢
4. 第一步足具座结刺

■ 仿对虾属 *Parapenaeopsis*

16. 哈氏仿对虾 *Parapenaeopsis hardwickii* (Miers, 1878)

【英 文 名】hard spear shrimp。

【俗   名】秤钩虾、滑皮、硬壳虾。

【分类地位】软甲纲 Malacostraca，十足目 Decapoda，对虾科 Penaeidae，仿对虾属 *Parapenaeopsis*。

【同种异名】*Penaeus hardwickii* Miers, 1878。

【形态特征】甲壳较厚而坚硬，表面仅深陷的沟处有较长的软毛。额角呈弧形，比头胸甲稍长，其基部上缘微隆起，中部向下弯曲，前端尖细向上扬，上缘仅后半部具8齿；额角侧沟伸至胃上刺下方；额角后脊延伸至头胸甲后缘附近，其上有一条很浅的纵沟。头胸甲上具眼上刺、触角刺、肝刺及胃上刺，颊刺较钝。在触角刺上方有一细长的纵缝，自眼眶边缘向后延伸至头胸甲3/4处。有较深的颈沟和肝沟。头胸甲下缘有两条平行的纵缝，在上面一条纵缝上，有一条短的横缝，位于第三步足上方。第四到第六腹节背面脊起。尾节长于第六腹节，背中央具深沟，近末端处具3对短小的细刺（图16）。

【分布范围】11°S—40°N，61°—143°E；印度-太平洋西部区、印度-太平洋中部区和太平洋北部温带区；北至日本、韩国海域，南至巴布亚新几内亚海域，西至印度、巴基斯坦海域和阿拉伯海；我国分布于黄海南部、东海、南海。

【生态习性】热带种，咸淡水种，底栖种类。可栖息于不同底质海底，多分布于沿岸海区，近海向外分布较少。

【渔业利用】中型虾类，产量较大，我国沿海省份虾类重要经济种之一。

【群体特征】见表16。

表16　哈氏仿对虾群体特征

群体特征	春季	夏季	秋季	冬季
头胸甲长（mm）	14～35	8～38	9～32	7～30
体长（mm）	52～106	27～97	32～108	31～105
体重（g）	1.3～15.0	0.3～12.8	0.8～13.1	0.2～12.3
资源量	+	++	++	+

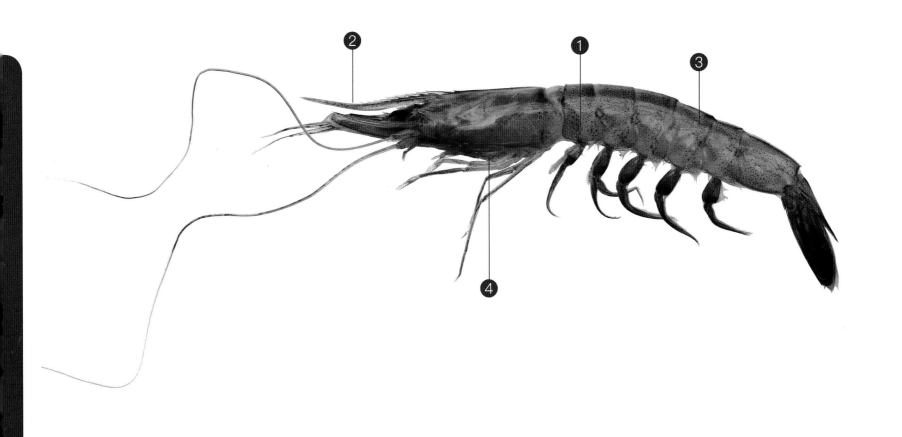

图 16　哈氏仿对虾

❶ 第一腹节侧甲在第二腹节侧甲之上

❷ 额角中部向下弯曲，前端尖细向上扬，上缘仅后半部具8齿，额角后脊延伸至头胸甲后缘附近，具纵沟

❸ 身体表面光滑

❹ 第一步足无座结刺

17. 刀额仿对虾 *Parapenaeopsis cultirostris* Alcock, 1906

【英 文 名】无。

【俗　　名】九虾。

【分类地位】软甲纲 Malacostraca, 十足目 Decapoda, 对虾科 Penaeidae, 仿对虾属 *Parapenaeopsis*。

【同种异名】*Parapeneopsis sculptilis* var. *cultrirostris* Alcock, 1906。

【形态特征】本种额角两性形状不同。雄性额角匕首形, 显著短, 伸至第一触角柄第二节中部, 上缘微凸, 末端微下弯, 具 7~9 齿。雌性额角颇长, 末端上扬, 与哈氏仿对虾相似, 但长度一般短于头胸甲（图17）。

【分布范围】印度－太平洋西部区、印度－太平洋中部区和太平洋北部温带区；北至中国黄海, 南至印度尼西亚海域, 西至印度海域、孟加拉湾；中国分布于黄海南部、东海、南海。

【生态习性】热带种, 海洋种, 底栖种类。多栖息于沿岸浅水区。

【渔业利用】中型虾类, 产量较低, 经济价值较低。

【群体特征】见表17。

表 17　刀额仿对虾群体特征

群体特征	春季	夏季	秋季	冬季
头胸甲长（mm）	17~20	7~21	－	－
体长（mm）	60~76	42~73	－	－
体重（g）	2.3~4.3	0.6~4.9	－	－
资源量	＋	＋＋	－	－

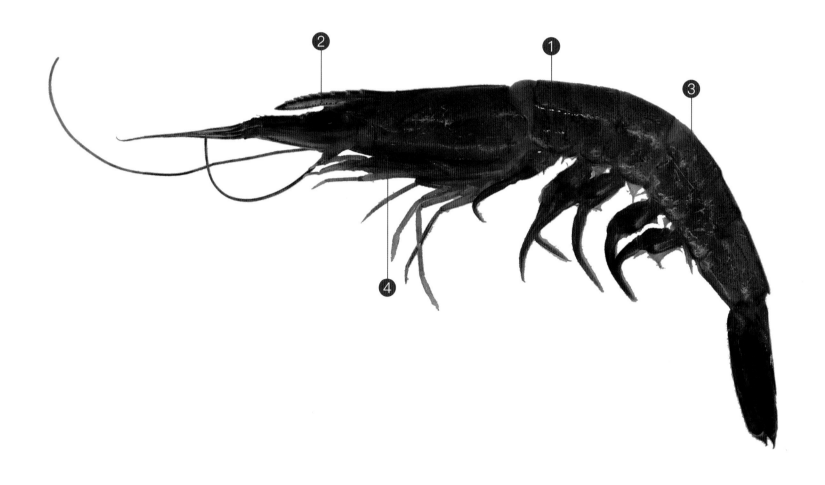

图 17　刀额仿对虾（雄性）

① 第一腹节侧甲在第二腹节侧甲之上
② 雄性额角匕首形，伸至第一触角柄第二节中部
③ 身体表面光滑
④ 第一步足无座结刺

18. 细巧仿对虾 *Parapenaeopsis tenella* (Spence Bate, 1888)

【英 文 名】smoothshell shrimp。

【俗　　名】九虾。

【分类地位】软甲纲 Malacostraca，十足目 Decapoda，对虾科 Penaeidae，仿对虾属 *Parapenaeopsis*。

【同种异名】*Metapenaeus crucifer* (Ortmann, 1890)；*Metapenaeus tenellus* (Bate, 1888)；*Penaeus crucifer* Ortmann, 1890；*Penaeus tenellus* Bate, 1888。

【形态特征】甲壳薄而平滑。额角短而直，上缘基部微凸，具6~8齿，额角侧脊至额角第一齿后方消失，不具额角后脊。头胸甲上眼上刺甚小，眼眶触角沟极浅，肝沟深而短，触角刺发达。头胸甲上不具胃上刺。第四至第六腹节背面有较弱的纵脊。尾节长度与第六节相等。第一、第二步足具基结刺，不具上肢，第五步足最长，步足均具外肢，第五步足外肢较小。身体布有棕红色小点（图18）。

【分布范围】印度-太平洋西部区、印度-太平洋中部区和太平洋北部温带区；北至朝鲜、日本海域，南至澳大利亚海域，西至阿拉伯海，东至巴布亚新几内亚海域；我国分布于黄海、东海、南海。

【生态习性】热带种，咸淡水种，广盐种，底层种类。多栖息于10 m以浅水域。为鱼类常见的饵料生物。

【渔业利用】小型虾类，产量低，经济价值较低。

【群体特征】见表18。

表18　细巧仿对虾群体特征

群体特征	春季	夏季	秋季	冬季
头胸甲长（mm）	10~21	5~18	2~18	5~19
体长（mm）	37~89	22~55	26~62	28~66
体重（g）	0.6~4.6	0.2~2.0	0.4~2.4	0.3~2.1
资源量	++	++	+	++

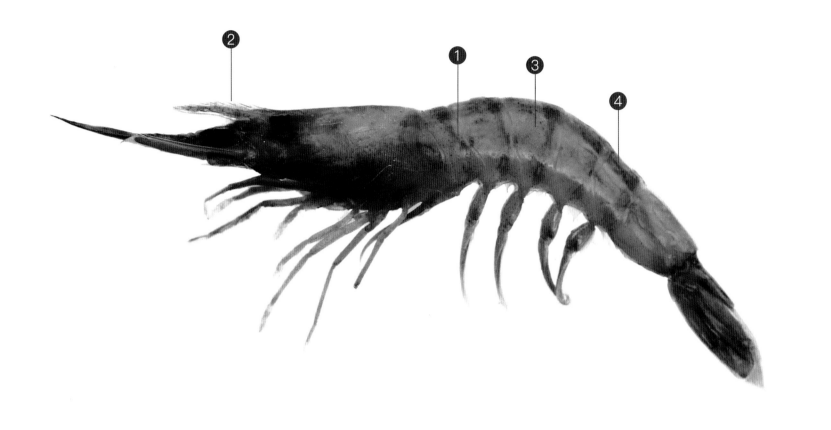

图 18　细巧仿对虾

①	第一腹节侧甲在第二腹节侧甲之上
②	额角短而直，上缘基部微凸，具6～8齿
③	身体表面光滑，具棕红色小点
④	第四至第六腹节背面有较弱的纵脊

■ 鹰爪虾属 *Trachysalambria*

19. 鹰爪虾 *Trachysalambria curvirostris* (Stimpson, 1860)

【英 文 名】southern rough shrimp。

【俗   名】鸡爪虾、厚皮虾、红虾、糙皮。

【分类地位】软甲纲 Malacostraca，十足目 Decapoda，对虾科 Penaeidae，鹰爪虾属 *Trachysalambria*。

【同种异名】*Trachypenaeus curvirostris* (Stimpson, 1860)；*Penaeus curvirostris* Stimpson, 1860。

【形态特征】体表粗糙，密被绒毛，甲壳较厚。额角上缘具7～8齿，下缘无齿；雄性额角平直前伸，而雌性额角末端向上弯曲；额角侧脊伸至额角第一齿基部；额角后脊延伸至头胸甲后缘附近。头胸甲上具眼上刺、触角刺、胃上刺及肝刺；触角脊明显；眼眶触角沟及颈沟较浅，肝沟宽而深；触角刺上方有一较短的纵缝，自头胸甲前缘延伸至肝刺上方。第二至第六腹节背面具纵脊。尾节后部两侧具3对活动刺。身体棕红色，腹部弯曲时，状如鹰爪（图19）。

【分布范围】45°S—41°N，25°—154°E；印度-太平洋西部区、印度-太平洋中部区、太平洋北部温带区和北大西洋温带区；北至朝鲜、日本海域，南至澳大利亚、南非海域，西至东非沿岸，东至巴布亚新几内亚海域，地中海、红海亦有分布；我国分布于渤海、黄海、东海、南海。

【生态习性】热带种，底栖种类。常栖息于近海泥质海域。春季产卵时游向近岸。主要以糠虾及等足类为食。

【渔业利用】品质较好的种类。我国沿岸海区产量都较大，常是春、夏季捕捞生产的虾类优势种。

【群体特征】见表19。

表19 鹰爪虾群体特征

群体特征	春季	夏季	秋季	冬季
头胸甲长（mm）	-	10～27	-	13～27
体长（mm）	-	46～85	-	46～100
体重（g）	-	1.3～8.5	-	1.5～13.2
资源量	-	++	-	+

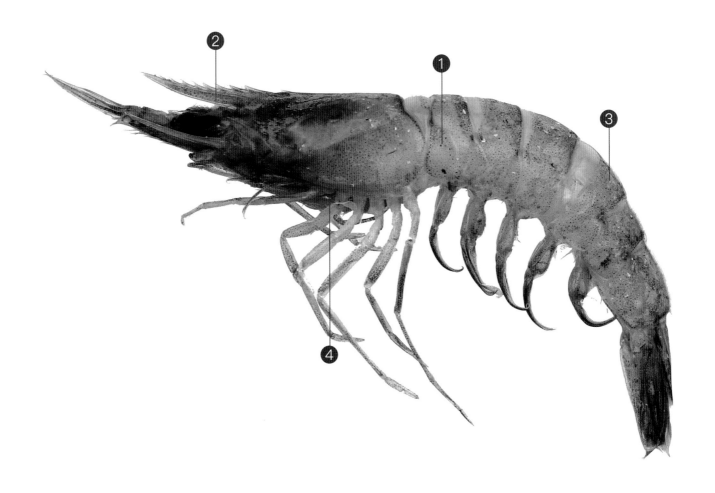

图 19 鹰爪虾

① 第一腹节侧甲在第二腹节侧甲之上

② 雌性额角末端向上弯曲，上缘具7~8齿

③ 身体表面非常粗糙，具浓密细毛，体棕红色

④ 第一步足具座结刺

樱虾科 Sergestidae

■ 毛虾属 *Acetes*

20. 中国毛虾 *Acetes chinensis* Hansen, 1919

【英 文 名】northern mauxia shrimp。

【俗　　名】毛虾、水虾、虾皮。

【分类地位】软甲纲 Malacostraca,十足目 Decapoda,樱虾科 Sergestidae,毛虾属 *Acetes*。

【同种异名】无。

【形态特征】体型小,侧扁,甲壳薄而软。额角极短小,侧面略呈三角形,上缘具2齿,第一齿比第二齿大。头胸甲具眼后刺及肝刺。腹部以第六节最长,仅比头胸甲稍短。尾节很短,末端圆而无刺,后侧缘及末端具羽状毛。体无色透明,仅口器部分及第二触角内肢呈红色,第六腹节的腹面呈微红色。尾肢的基肢上有一红色圆点,内肢短于外肢;基部外侧有一列红色小点,一般数目在2~8个,少数多达10个,基部的最大,末端的最小(图20)。

【分布范围】18°—46°N,107°—149°E;印度-太平洋西部区、印度-太平洋中部区和太平洋北部温带区;中国、朝鲜、韩国、日本海域以及孟加拉湾;中国分布于渤海、黄海、东海、南海。

【生态习性】亚热带种,咸淡水种、低盐种,中上层浮游性种类。常栖息于泥沙底质沿岸浅海海域,在河口分布较多。近底层鱼类和虾类的主要饵料之一。

【渔业利用】小型虾类,用于生产虾皮的主要种类。我国沿岸定置张网重要的虾类捕捞对象。

【群体特征】见表20。

表20　中国毛虾群体特征

群体特征	春季	夏季	秋季	冬季
头胸甲长(mm)	7~12	8~11	8~11	—
体长(mm)	33~42	26~39	33~41	—
体重(g)	0.2~0.4	0.1~0.3	0.4~0.8	—
资源量	+	+	+	—

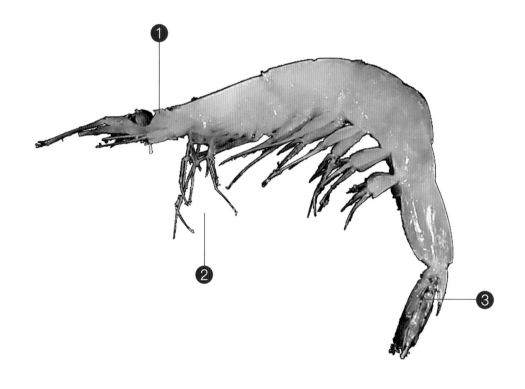

图 20　中国毛虾

- ❶ 额角短小，具眼后刺
- ❷ 前3对步足呈小钳状，第四、第五步足完全退化
- ❸ 体透明，尾肢的基肢上有一红色圆点，基部外侧有一列红色小点（数目2~10个）

玻璃虾科 Pasiphaeidae

■ 细螯虾属 *Leptochela*

21. 细螯虾 *Leptochela gracilis* Stimpson, 1860

【英 文 名】lesser glass shrimp。

【俗   名】麦秆虾、钩子虾、铜管子。

【分类地位】软甲纲 Malacostraca，十足目 Decapoda，玻璃虾科 Pasiphaeidae，细螯虾属 *Leptochela*。

【同种异名】*Leptochela pellucida* Boone, 1935。

【形态特征】体型小，甲壳厚而光滑。额角短小呈刺状，超过眼之末端，上下缘均无齿。头胸甲上不具刺或脊。腹部第四、第五节背面具纵脊，其中第五节的背纵脊末缘突出成一长刺；第六腹节的前缘背面隆起，形成横脊，脊后方凹下，该节两侧腹缘各有3个小刺，其中后面一刺较大；第五和第六腹节间甚屈曲。尾节扁平，背面中央凹下，两侧有可动刺2对；尾节末端突出，具5对可动刺。体透明，上面散有红色斑点。腹部各节后缘的红色较浓（图21）。

【分布范围】印度-太平洋中部区和太平洋北部温带区；中国、朝鲜、韩国、日本海域；中国分布于渤海、黄海、东海、南海。

【生态习性】亚热带种，底层种类。栖息于泥沙底质浅海。

【渔业利用】春、夏季定置张网主要的渔获物之一。

【群体特征】见表21。

表21 细螯虾群体特征

群体特征	春季	夏季	秋季	冬季
头胸甲长（mm）	5	—	—	—
体长（mm）	37	—	—	—
体重（g）	0.4	—	—	—
资源量	+	—	—	—

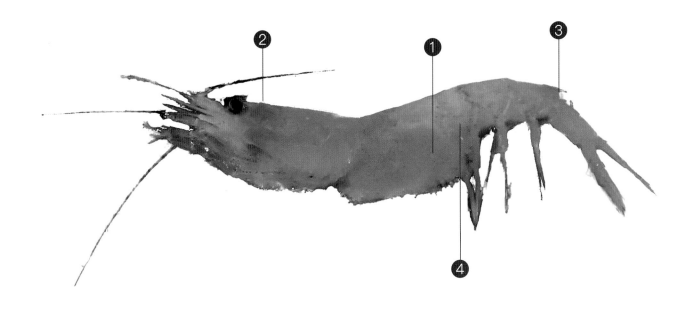

图 21 细螯虾

① 第二腹节侧甲在第一腹节侧甲之上
② 额角短小呈刺状,头胸甲光滑无刺
③ 第五腹节背面末端突出成刺
④ 体表散布红色斑点,腹部各节后缘的红色较浓

鼓虾科 Alpheidae

■ 鼓虾属 *Alpheus*

22. 鲜明鼓虾 *Alpheus digitalis* De Haan, 1844

【英 文 名】forceps snapping shrimp。

【俗   名】枪虾。

【分类地位】软甲纲 Malacostraca, 十足目 Decapoda, 鼓虾科 Alpheidae, 鼓虾属 *Alpheus*。

【同种异名】*Alpheus distinguendus* De Man, 1909；*Crangon distinguendus* (De Man, 1909)。

【形态特征】额角呈短刺状，头胸甲光滑无刺；额角后脊伸至头胸甲中部附近。腹部各节粗短而圆。尾节呈舌状，宽而扁，背面中央有一纵沟，其两侧前后各有1对活动刺，后侧角各有2个活动小刺；尾节末缘呈圆弧形，有一列小刺，刺的下方有长羽状毛。尾肢外肢的外缘近末端处有一横裂缝，向内侧延伸为沟，将外肢分为前后两部；前部外缘末端呈尖刺状，其内侧有一活动小刺。眼完全覆盖于头胸甲下。身体鲜艳美丽，有明显的花纹：头胸甲胃区以后有3条棕黄色半环状斑纹；腹部各节有棕黄色纵斑；第四节近后缘处有3个棕黄色圆点，中间的颜色较浅；第五节近后缘的中部也有1个棕黄色圆点（图22）。

【分布范围】印度-太平洋西部区、印度-太平洋中部区和太平洋北部温带区；北至日本、韩国海域，南至澳大利亚海域，西至缅甸海域、孟加拉湾；我国分布于渤海、黄海、东海、南海。

【生态习性】热带种，咸淡水种，底栖种类。多生活于泥沙底的浅海，穴居于低潮线以下的泥沙中。

【渔业利用】张网渔业中有一定产量，非经济种。

【群体特征】见表22。

表22 鲜明鼓虾群体特征

群体特征	春季	夏季	秋季	冬季
头胸甲长（mm）	10～22	9～18	-	10～18
体长（mm）	37～64	34～43	-	31～55
体重（g）	0.8～5.4	1.0～2.0	-	0.6～3.6
资源量	+	+	-	+

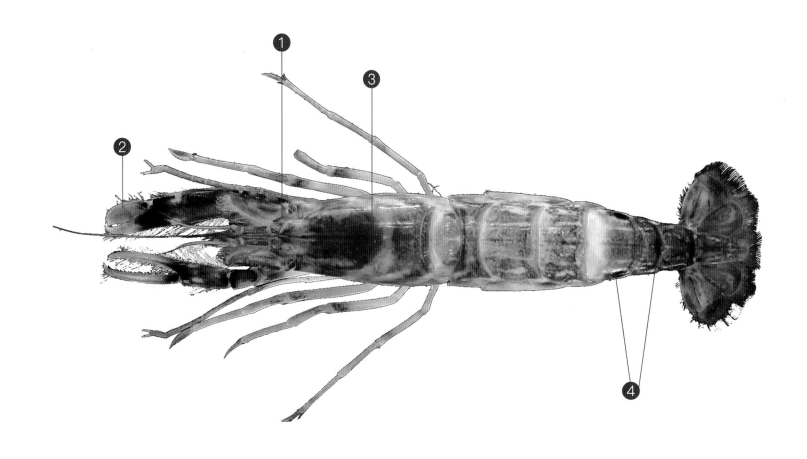

图 22　鲜明鼓虾

① 额角短小，眼完全被头胸甲覆盖

② 第一步足特别强大，不对称；掌部边缘无缺刻，无刺

③ 额角后脊较长，达头胸甲中部附近

④ 体表艳丽，具明显花纹，第四腹节后缘有3个棕黄色圆点，中间的颜色较浅，第五腹节后缘中部也有1个棕黄色圆点

23. 日本鼓虾 *Alpheus japonicus* Miers, 1879

【英 文 名】Japanese snapping shrimp。

【俗   名】强盗虾。

【分类地位】软甲纲 Malacostraca，十足目 Decapoda，鼓虾科 Alpheidae，鼓虾属 *Alpheus*。

【同种异名】*Alpheus longimanus* Bate, 1888；*Crangon japonica* Yu, 1935。

【形态特征】额角稍长而尖细；额角后脊不明显，较宽而短，两侧的沟较浅，仅至眼的基部。尾节背面圆滑无纵沟，具2对可动刺；尾节后缘呈弧形，后侧角各具两可动小刺。大螯细长，其长为宽的3～4倍，掌为指长的2倍左右，掌部的内、外缘在可动指基部后方各有一极深的缺刻。小螯特细长，其长为宽的10倍左右，指节稍短于掌部，掌部近圆筒状；在外缘近可动指基部处，背面、腹面各具一刺，侧缘的缺刻极浅。身体颜色不鲜艳，呈棕红色或绿褐色（图23）。

【分布范围】印度－太平洋中部区和太平洋北部温带区；中国、韩国、日本海域；中国分布于渤海、黄海、东海、南海。

【生态习性】亚热带种，底栖种类。多栖息于泥沙底质浅海。

【渔业利用】非经济种。

【群体特征】见表23。

表23 日本鼓虾群体特征

群体特征	春季	夏季	秋季	冬季
头胸甲长（mm）	8～16	3～12	－	15
体长（mm）	28～47	8～37	－	50
体重（g）	0.3～2.1	0.5～1.0	－	3.7
资源量	＋	＋	－	＋

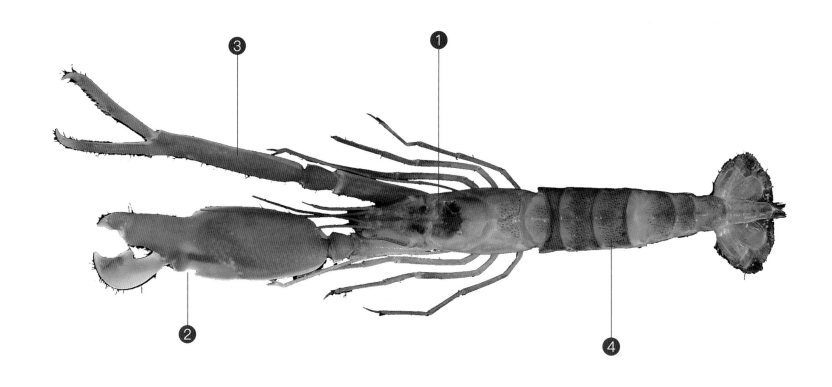

图 23　日本鼓虾

① 额角短小，眼完全被头胸甲覆盖

② 第一步足特别强大，不对称，大螯掌部内、外缘具缺刻

③ 小螯细长，长为宽的近10倍

④ 体表不鲜艳，呈棕红色或绿褐色

长臂虾科 Palaemonidae

■ 长臂虾属 *Palaemon*

24. 葛氏长臂虾 *Palaemon gravieri* (Yu, 1930)

【英 文 名】Chinese ditch prawn。

【俗　　名】桃红虾、红虾、红长臂虾。

【分类地位】软甲纲 Malacostraca，十足目 Decapoda，长臂虾科 Palaemonidae，长臂虾属 *Palaemon*。

【同种异名】*Leander gravieri* Yu, 1930。

【形态特征】额角长度等于或稍大于头胸甲，上缘基部平直，无鸡冠状隆起；额角上缘12～17齿，下缘5～7齿；第一和第二步足甚长，末端钳状。体透明，微带淡黄色，具有棕红色斑纹（图24）。

【分布范围】太平洋北部温带区；中国、韩国、日本海域；中国分布于渤海、黄海、东海。

【生态习性】亚热带种，浮游种类。栖息于泥沙底质浅海，通常距岸较远。

【渔业利用】主要为张网渔获物，产量较大。

【群体特征】见表24。

表24　葛氏长臂虾群体特征

群体特征	春季	夏季	秋季	冬季
头胸甲长（mm）	8～18	—	10～15	—
体长（mm）	31～70	—	38～56	—
体重（g）	0.5～6.6	—	1.0～3.8	—
资源量	+	—	+	—

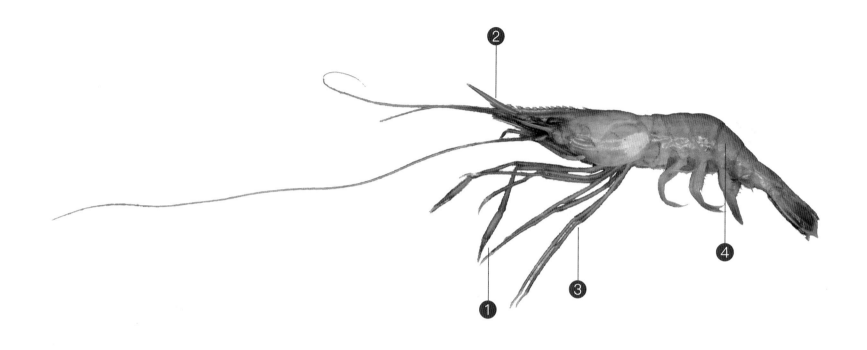

图 24　葛氏长臂虾

① 第二钳足的钳比第一钳足的钳大，且腕节不分节

② 额角上缘基部平直，末端稍细，向上扬起。上缘12～17齿，下缘5～7齿

③ 后3对步足特别细长

④ 体透明，具棕红色斑纹

■ 白虾属 *Exopalaemon*

25. 脊尾白虾 *Exopalaemon carinicauda* (Holthuis, 1950)

【英 文 名】ridgetail prawn。

【俗　　名】白虾、五须虾、大白枪虾。

【分类地位】软甲纲 Malacostraca, 十足目 Decapoda, 长臂虾科 Palaemonidae, 白虾属 *Exopalaemon*。

【同种异名】*Palaemon carinicauda* Holthuis, 1950。

【形态特征】额角侧扁细长，基部1/3处具鸡冠状隆起，上下缘均具锯齿，上缘6~9齿，下缘3~6齿。尾节末端尖细，呈刺状。体色透明，微带蓝色或红色小斑点，腹部各节后缘颜色较深。死后体呈白色（图25）。

【分布范围】17°—41°N, 108°—127°E；印度-太平洋中部区和太平洋北部温带区；中国、朝鲜海域；中国分布于黄海、东海、南海。

【生态习性】亚热带种，咸淡水种，中下层种类。一般生活在水深较浅、盐度较低的近岸海区。

【渔业利用】产量较高，较重要的经济种类。

【群体特征】见表25。

表25　脊尾白虾群体特征

群体特征	春季	夏季	秋季	冬季
头胸甲长（mm）	-	-	19~22	7~22
体长（mm）	-	-	58~73	35~78
体重（g）	-	-	3.6~5.8	0.4~5.2
资源量	-	-	+	++

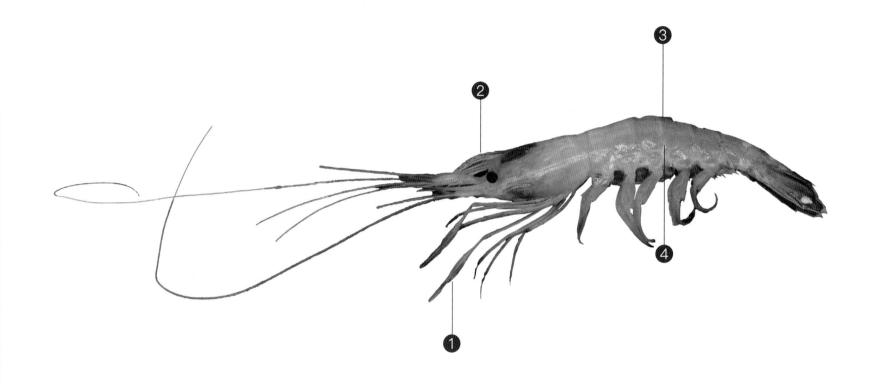

图 25　脊尾白虾

① 第二钳足的钳比第一钳足的钳大，且腕节不分节
② 额角上缘基部具鸡冠状隆起，隆起部分具6～9齿，前端细长，光滑无刺
③ 第三至第六腹节背部中央有明显纵脊
④ 体透明，死后呈白色

藻虾科 Hippolytidae

■ 宽额虾属 *Latreutes*

26. 水母虾 *Latreutes mucronatus* (Stimpson, 1860)

【英 文 名】seagrass shrimp。

【俗　　名】大肚虾、草虾、海蜇虾。

【分类地位】软甲纲 Malacostraca，十足目 Decapoda，藻虾科 Hippolytidae，宽额虾属 *Latreutes*。

【同种异名】*Latreutes gravieri* Nobili, 1904；*Latreutes natalensis* Lenz & Strunck, 1914；*Rhynchocyclus mucronatus* Stimpson, 1860。

【形态特征】小型虾类。额角的齿数变化较大，上缘7～22齿，下缘6～11齿。头胸甲前侧角呈锯齿状，具8～12小齿；胃上刺小，距头胸甲前缘较近，其后方无疣状突起。尾节背面近边缘处有2对可动小刺，末端较宽，中央突出成尖刺，其两侧有长、短活动刺各1对（图26）。

【分布范围】印度-太平洋西部区、印度-太平洋中部区和太平洋北部温带区；北至中国海域，南至新喀里多尼亚海域，西至阿联酋海域；中国分布于渤海、黄海、东海、南海。

【生态习性】亚热带种，底栖种类。栖息于泥沙底质浅海，常与海蜇共生（海蜇附着在其口腕上）。

【渔业利用】非经济种类。

【群体特征】见表26。

表26 水母虾群体特征

群体特征	春季	夏季	秋季	冬季
头胸甲长（mm）	-	-	-	-
体长（mm）	-	-	-	-
体重（g）	0.5	-	-	-
资源量	+	-	-	-

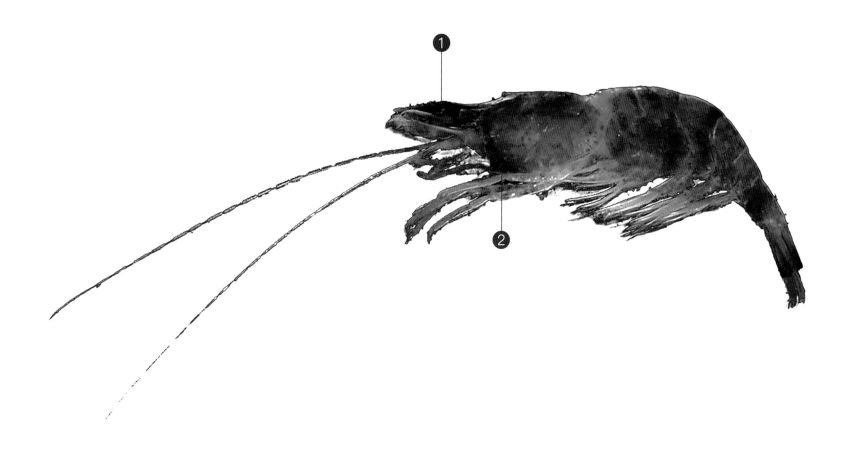

图 26　水母虾

① 体短粗；额角特别宽大，侧面呈三角形

② 头胸甲前侧角锯齿状，具8～12小齿

梭子蟹科 Portunidae

梭子蟹属 *Portunus*

27. 三疣梭子蟹 *Portunus trituberculatus* (Miers, 1876)

【英 文 名】swimming crab, gazami crab。

【俗　　名】枪蟹、花蟹。

【分类地位】软甲纲 Malacostraca，十足目 Decapoda，梭子蟹科 Portunidae，梭子蟹属 *Portunus*。

【同种异名】*Neptunus trituberculatus* Miers, 1876。

【形态特征】头胸甲呈梭形，稍隆起，表面散有细小颗粒，在鳃区的颗粒较粗，胃区、鳃区各具1对横行的颗粒隆线。中胃区和心区分别有1个和2个疣状突。额具2锐齿，较内眼窝齿小。眼窝背缘有2条裂缝，内侧的1条较深，外眼窝齿较大。腹内眼窝齿长而尖，向前突出。前侧缘连外眼窝齿在内共有9齿，末齿最为长、大，向两侧刺出。雄性个体呈蓝绿色，腹部三角形；第六节梯形，长大于宽，侧缘直，前缘凹；尾节圆钝。雌性个体呈深紫色（图27）。

【分布范围】印度-太平洋中部区和太平洋北部温带区；北至朝鲜、日本海域，南至澳大利亚海域，西至泰国湾；我国分布于渤海、黄海、东海、南海。

【生态习性】热带种，底栖种类。栖息于水深10~30 m的泥沙质海底。杂食性，主要以藻类叶片、小型鱼类和虾类为食。

【渔业利用】大型蟹类，重要经济蟹类，产量很高。我国沿海蟹类主要捕捞种类之一。人工育苗及养殖技术成熟，是我国沿岸海区常用的增殖放流种类。

【群体特征】见表27。

表27　三疣梭子蟹群体特征

群体特征	春季	夏季	秋季	冬季
头胸甲宽（mm）	54~168	49~138	43~178	115~155
体重（g）	8.0~318.0	5.9~198.7	2.9~231.5	85.8~170.0
资源量	+++	++	+++	++

图 27　三疣梭子蟹
A. 背面　　B. 腹面（雌性）

❶ 头胸甲显著横宽，额具2齿，前侧缘连外眼窝齿在内共具9齿

❷ 前侧缘最末齿显著大于其他各齿

❸ 头胸甲表面颗粒较细，无云白花纹

❹ 中胃区和心区分别有1个和2个疣状突起

28. 红星梭子蟹 *Portunus sanguinolentus* (Herbst, 1783)

【英 文 名】three spot swimming crab。

【俗　　名】三点蟹。

【分类地位】软甲纲 Malacostraca，十足目 Decapoda，梭子蟹科 Portunidae，梭子蟹属 *Portunus*。

【同种异名】*Cancer raihoae* Curtiss, 1938；*Lupa sanguinolentus* (Herbst, 1783)。

【形态特征】头胸甲呈梭形，稍隆起，前部表面具有颗粒，后部较光滑。前鳃区和后胃区各有一对隆脊，显著特征为头胸甲后半部的心区和鳃区有3个近圆形的深红色斑块，极其显著。额具4锐齿，侧齿靠中央的两齿较大。指节长，可动指基部的不动指上有一红色斑点（图28）。

【分布范围】31°S—36°N，30°E—135°W；印度-太平洋西部区、印度-太平洋中部区和太平洋北部温带区；北至日本、韩国海域，南至澳大利亚、南非海域，西至东非沿岸海域；我国分布于东海、南海。

【生态习性】热带种，咸淡水种，底栖种类。栖息于水深10～30 m的沙质、泥沙质海域。主要以软体动物中的瓣鳃类、小型甲壳类及浮游甲壳类为食。幼体常生活于近岸河口水域。

【渔业利用】大型蟹类，产量一般，较三疣梭子蟹低，重要经济种类。

【群体特征】见表28。

表 28　红星梭子蟹群体特征

群体特征	春季	夏季	秋季	冬季
头胸甲宽（mm）	−	23～91	43～91	−
体重（g）	−	0.8～39.5	4.5～49.2	−
资源量	−	+	+	−

图 28　红星梭子蟹
A. 背面　　B. 腹面（雄性）

❶ 头胸甲显著横宽，前侧缘具9齿

❷ 前侧缘最末齿显著大于其他各齿

❸ 头胸甲具3个近圆形的深红色斑块

29. 远海梭子蟹 *Portunus pelagicus* (Linnaeus, 1758)

【英　文　名】blue swimming crab。

【俗　　　名】远洋梭子蟹、花蟹、蓝蟹。

【分类地位】软甲纲 Malacostraca, 十足目 Decapoda, 梭子蟹科 Portunidae, 梭子蟹属 *Portunus*。

【同种异名】*Cancer cedonulli* Herbst, 1794；*Cancer pelagicus* Forskål, 1775；*Cancer pelagicus* Linnaeus, 1758。

【形态特征】头胸甲呈横卵圆形，头胸甲宽稍大于长的2倍；表面具粗糙的颗粒，颗粒之间具软毛；中、后胃区，中鳃区及心区、肠区隆起；额缘有4枚刺，外侧的两枚较大；螯足长节的前缘有3齿。雄性深蓝色，雌性深紫色；头胸甲和螯足的背面具有白斑、云纹（图29）。

【分布范围】15°S—35°N, 99°—137°E；印度-太平洋中部区和太平洋北部温带区；北至日本海域，南至澳大利亚海域，西至马六甲海峡；我国分布于东海、南海。

【生态习性】热带种，咸淡水种，岩礁种类。栖息于水深10～30 m的泥沙底质的沿岸或河口海域。

【渔业利用】大型蟹类，重要经济蟹类之一，我国南方海域产量较高。人工育苗及养殖技术成熟。

【群体特征】见表29。

表29　远海梭子蟹群体特征

群体特征	春季	夏季	秋季	冬季
头胸甲宽（mm）	106～115	—	120～130	—
体重（g）	75.8～89.9	—	111.7～185.0	—
资源量	+	—	+	—

图 29　远海梭子蟹
A. 雄性　　B. 雌性

① 头胸甲显著横宽，额具4齿，前侧缘具9齿

② 前侧缘最末齿显著大于其他各齿

③ 雄性深蓝色，头胸甲表面具白斑、云纹

④ 雌性深紫色，头胸甲表面颗粒较粗，连接两侧齿的横脊上排列4个深色斑点

30. 银光梭子蟹 *Portunus argentatus* (A. Milne-Edwards, 1861)

【英　文　名】无。

【俗　　　名】无。

【分类地位】软甲纲 Malacostraca，十足目 Decapoda，梭子蟹科 Portunidae，梭子蟹属 *Portunus*。

【同种异名】*Monomia argentata* (White & Milne Edwards, 1861)。

【形态特征】头胸甲呈卵圆形，表面分区明显，各区具呈簇状分布的棕红色颗粒。后侧缘与后缘连接处钝圆。长节前缘具4枚刺，后缘末具2枚刺，腕节具2枚刺，掌节背面具3条纵行隆脊。末对步足前节及指节末端各有一个不规则紫色斑块（图30）。

【分布范围】印度-太平洋中部区和太平洋北部温带区；北至日本海域，南至新喀里多尼亚海域；我国分布于东海、南海。

【生态习性】亚热带种，海洋种，底栖种类。栖息于水深30~100 m的泥沙质海底。

【渔业利用】小型种类，非经济种。

【群体特征】见表30。

表30　银光梭子蟹群体特征

群体特征	春季	夏季	秋季	冬季
头胸甲宽（mm）	−	34~70	53	−
体重（g）	−	4.3~29.8	15.7	−
资源量	−	+	+	−

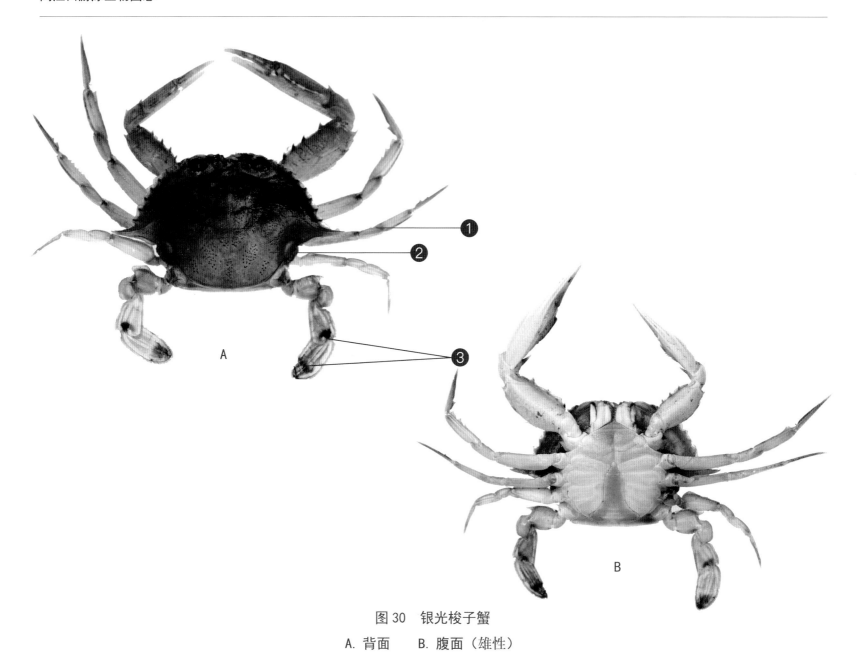

图 30　银光梭子蟹
A. 背面　　B. 腹面（雄性）

① 前侧缘具9齿，前侧缘最末齿显著大于其他各齿

② 体表具呈簇状分布的棕红色颗粒

③ 末对步足前节及指节末端各有一个不规则紫色斑块

■ *Xiphonectes* 属

31. 矛形梭子蟹 *Xiphonectes hastatoides* (Fabricius, 1798)

【英 文 名】无。

【俗　　名】无。

【分类地位】软甲纲 Malacostraca, 十足目 Decapoda, 短尾下目 Brachyura, *Xiphonectes*属。

【同种异名】*Portunus hastatoides* Fabricius, 1798; *Neptunus hastatoides* (Fabricius, 1798)。

【形态特征】头胸甲扁平,分区清楚。甲面密覆细绒毛,并有成群的小粒。额具4齿,中间2齿较小,内眼窝齿钝,背眼缘有2条短缝,腹内眼窝齿突出而钝。前缘连外眼窝齿在内共有9齿,外眼窝齿较随后各齿为大。头胸甲后侧缘与后缘成直角相交,相交处呈齿状突出。第四对步足成游泳足,长节末缘具细锯齿,前节边缘也列生有小齿,指节末部具一黑色斑点(图31)。

【分布范围】印度-太平洋中部区和太平洋北部温带区;北至日本海域,南至澳大利亚海域;我国分布于东海、南海。

【生态习性】亚热带种,海洋种,底栖种类。栖息于低潮线至水深30~100 m的泥质海底。

【渔业利用】张网常见小型种类,非经济种。

【群体特征】见表31。

表31　矛形梭子蟹群体特征

群体特征	春季	夏季	秋季	冬季
头胸甲宽 (mm)	54~56	23~55	45~58	53~74
体重 (g)	5.0~6.2	0.3~6.6	3.5~8.1	1.5~5.2
资源量	+	++	+	+

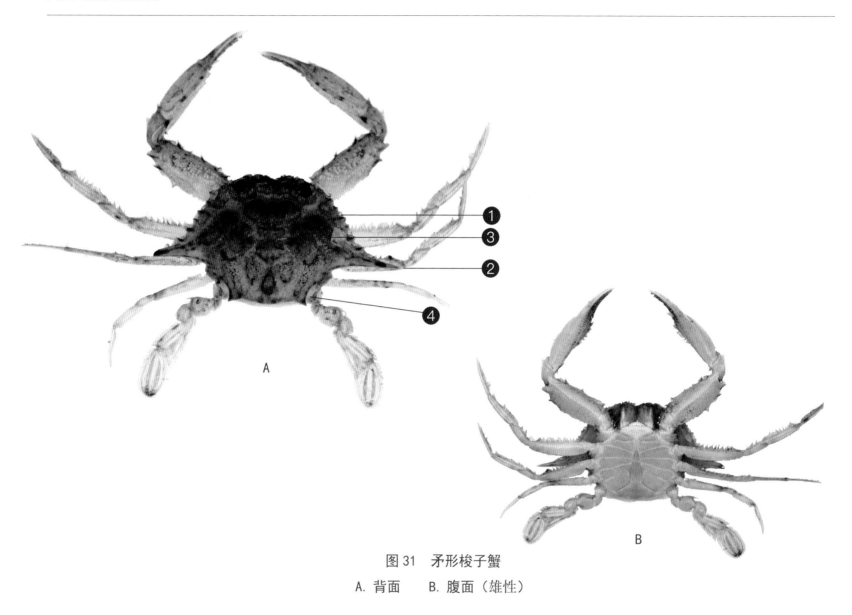

图 31　矛形梭子蟹
A. 背面　　B. 腹面（雄性）

❶ 头胸甲显著横宽，前侧缘连外眼窝齿在内共具9齿

❷ 前侧缘最末齿显著大于其他各齿

❸ 头胸甲表面颗粒成群分布

❹ 头胸甲后侧缘与后缘成直角相交，相交处呈齿状突出

■ 蟳属 *Charybdis*

32. 锈斑蟳 *Charybdis feriata* (Linnaeus, 1758)

【英 文 名】crucifix crab。

【俗   名】虎蟳、花虎蟳。

【分类地位】软甲纲 Malacostraca，十足目 Decapoda，梭子蟹科 Portunidae，蟳属 *Charybdis*。

【同种异名】*Cancer cruciata* Herbst, 1794；*Cancer crucifer* Fabricius, 1792；*Cancer feriata* Linnaeus, 1758；*Cancer sexdentatus* Herbst, 1783；*Portunus crucifer* Fabricius, 1798。

【形态特征】头胸甲呈横椭圆形，表面光滑，分区不明显。中胃区、心区及中鳃区隆起，中胃区和后胃区各有1对模糊的隆线，胃心区具有模糊的H形沟。在前鳃区，有1对伸至前侧末齿的横行隆线。额具6齿，各齿大小相似。头胸甲的前半部正中具一橘黄色的纵斑，从额后延续至心区；在前胃区也常有一橘黄色的横斑，两者交叉呈"十"字形，在甲面的其他部分也有红、黄相间的斑纹；螯足紫色，带有黄斑，两指尖端粉红并带有淡紫色（图32）。

【分布范围】印度-太平洋西部区、印度-太平洋中部区和太平洋北部温带区；北至日本海域，南至澳大利亚海域，西至东非沿岸海域，东至新喀里多尼亚海域；我国分布于东海、南海。

【生态习性】热带种，海洋种，底栖种类。栖息于近岸浅海。主要以鱼类、腹足类及小型甲壳类为食。

【渔业利用】大型蟹类，产量一般，具有较高的经济价值。人工育苗及养殖技术成熟。

【群体特征】见表32。

表32 锈斑蟳群体特征

群体特征	春季	夏季	秋季	冬季
头胸甲宽（mm）	−	53	41～99	19～99
体重（g）	−	25.2	10.3～175.2	0.96～120.51
资源量	−	+	+	+

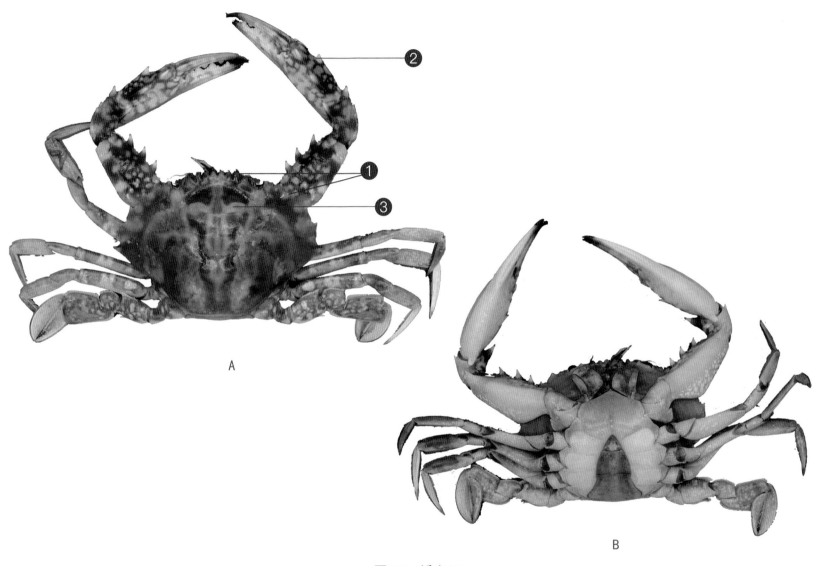

图 32　锈斑蟳
A. 背面　　B. 腹面（雄性）

① 额具6齿

② 螯足掌节具4刺

③ 头胸甲表面具显著的橘黄色"十"字形斑

33. 日本蟳 *Charybdis japonica* (A. Milne-Edwards, 1861)

【英 文 名】shore swimming crab。

【俗   名】石蟹。

【分类地位】软甲纲 Malacostraca，十足目 Decapoda，梭子蟹科 Portunidae，蟳属 *Charybdis*。

【同种异名】*Charybdis peitchihiliensis* Shen, 1932；*Charybdis sowerbyi* Rathbun, 1931。

【形态特征】头胸甲呈横卵圆形，表面隆起，幼小个体，甲面密具绒毛，成体后半部光滑无毛。胃区、鳃区常具微细的横行颗粒隆线，有时在前胃区隆脊的两侧各有1短斜隆线。额稍突，有6锐齿，中央2齿稍突出，第一侧齿稍指向外侧，第二侧齿较窄。内窝齿大于所有额齿，背眼缘具2缝，腹眼缘具1缝。前侧缘具6齿，均尖锐而突出，腹面具绒毛（图33）。

【分布范围】印度－太平洋中部区和太平洋北部温带区；北至韩国、日本海域，南至马来西亚海域；我国分布于渤海、黄海、东海、南海。

【生态习性】暖水种，咸淡水种，底栖种类。常栖息与沙质海区，潜伏于水草中或石块之下。

【渔业利用】产量一般，具有一定的经济价值。

【群体特征】见表33。

表33　日本蟳群体特征

群体特征	春季	夏季	秋季	冬季
头胸甲宽（mm）	42～79	43～70	24～84	37～121
体重（g）	12.5～86.5	13.0～66.6	2.8～98.1	6.0～160.1
资源量	+++	+	++	++

图 33　日本蟳
A. 背面　　B. 腹面（雌性）

① 额具6齿

② 螯足掌节具5刺

③ 游泳足长节末端具锐刺

34. 变态蟳 *Charybdis variegata* (Fabricius, 1798)

【英 文 名】无。

【俗　　名】无。

【分类地位】软甲纲 Malacostraca，十足目 Decapoda，梭子蟹科 Portunidae，蟳属 *Charybdis*。

【同种异名】*Portunus variegata* Fabricius, 1798。

【形态特征】体型较小。头胸甲呈横六角形，表面密具绒毛，分区较明显。在心区有并列的2条颗粒隆线，在中鳃区有2条前后排列的颗粒隆线，前面1条斜行直达前侧末齿。额具有6齿，中齿最突出，稍低于侧齿。第一侧齿最大，内缘向外倾斜，第二侧齿小而尖锐。内眼窝齿大于所有额齿。螯足背面密生短毛，具鳞状斑纹。背面体色墨绿夹杂着白色斑块，花纹在螯足及步足呈环带状（图34）。

【分布范围】印度-太平洋中部区和太平洋北部温带区；中国、日本海域；中国分布于东海、南海。

【生态习性】亚热带种，底层种类。生活于水深30～50 m的泥沙质海域。

【渔业利用】小型蟹类，无经济价值。

【群体特征】见表34。

表34　变态蟳群体特征

群体特征	春季	夏季	秋季	冬季
头胸甲宽（mm）	－	26～38	－	－
体重（g）	－	2.6～9.7	－	－
资源量	－	＋	－	－

图 34　变态蟳
A. 背面　　B. 腹面（雄性）

① 心区具2条并列横行的颗粒隆线

② 中鳃区具2条前后排列的颗粒隆线，前面1条斜行直达前侧末齿

③ 雄性腹部第六节宽大于长，侧缘弧形

菱蟹科 Parthenopidae

■ 武装紧握蟹属 *Enoplolambrus*

35. 强壮菱蟹 *Enoplolambrus validus* (De Haan, 1837)

【英 文 名】strong elbow crab。

【俗　　名】无。

【分类地位】软甲纲 Malacostraca，十足目 Decapoda，菱蟹科 Parthenopidae，武装紧握蟹属 *Enoplolambrus*。

【同种异名】*Parthenope validus* De Haan, 1837。

【形态特征】头胸甲呈菱角形。胃区、心区隆起，具疣状突起，沿中线具3个大的疣状突起，鳃区具2条各有7~8个疣状突起的斜行隆线。额部突出呈三角形。顶尖略下弯，外眼窝齿呈三角形突出。前侧缘具6~7枚锯齿，向后趋大；后侧缘具3枚锯齿，向后趋小。螯足强大，长节呈三棱形，背面具1列疣状突起；前后缘及腹面具锯齿，掌节外缘及背缘各具11~12个三角形锯齿；可动指外缘有疣状突起，内缘基部具3枚钝齿，末部有4~5齿；不动指内缘有3个大钝齿。步足各节背缘、腹缘均具齿（图35）。

【分布范围】42°N—28°S，103°—171°E；印度-太平洋中部区和太平洋北部温带区；北至日本、朝鲜海域，南至澳大利亚海域，西至新加坡海域；我国分布于渤海、黄海、东海、南海。

【生态习性】亚热带种，海洋种，底栖种类。多栖息于外海泥沙底质深水区。移动迅速，捕食其他生物。

【渔业利用】非经济种类。

【群体特征】见表35。

表35　强壮菱蟹群体特征

群体特征	春季	夏季	秋季	冬季
头胸甲宽（mm）	—	42	—	37
体重（g）	32.9	10.2	—	13.5
资源量	+	+	—	+

图 35　强壮菱蟹

① 头胸甲呈菱角形，额部突出呈三角形
② 胃区、心区沿中线具3个大的疣状突起
③ 螯足强大，长节呈三棱形

关公蟹科 Dorippidae

■ 平家蟹属 *Heikeopsis*

36. 日本关公蟹 *Heikeopsis japonica* (von Siebold, 1824)

【英文名】无。

【俗 名】无。

【分类地位】软甲纲 Malacostraca,十足目 Decapoda,关公蟹科 Dorippidae,平家蟹属 *Heikeopsis*。

【同种异名】*Dorippe japonica* von Siebold, 1824。

【形态特征】头胸甲的前半部较后半部窄,具短毛,各区隆起部分光滑,肝区凹陷。前鳃区的周围有深沟,鳃区中部甚隆。侧胃区稍隆,中胃区的两侧有深的凹点,后胃区小而明显。头胸甲后缘隆起。额窄,颗粒稀少,前缘具凹陷,表面中间具一浅沟。雌性螯足较小而对称,雄性螯足较大而常不对称(图36)。

【分布范围】印度-太平洋中部区和太平洋北部温带区;中国、朝鲜、日本海域;中国分布于黄海、东海、南海。

【生态习性】亚热带种,海洋种,底层种类。多见于潮间带及近岸水深20~130 m的泥沙质海底。

【渔业利用】非经济种类。

【群体特征】见表36。

表36 日本关公蟹群体特征

群体特征	春季	夏季	秋季	冬季
头胸甲宽(mm)	—	28	—	—
体重(g)	—	12.4	—	—
资源量	—	+	—	—

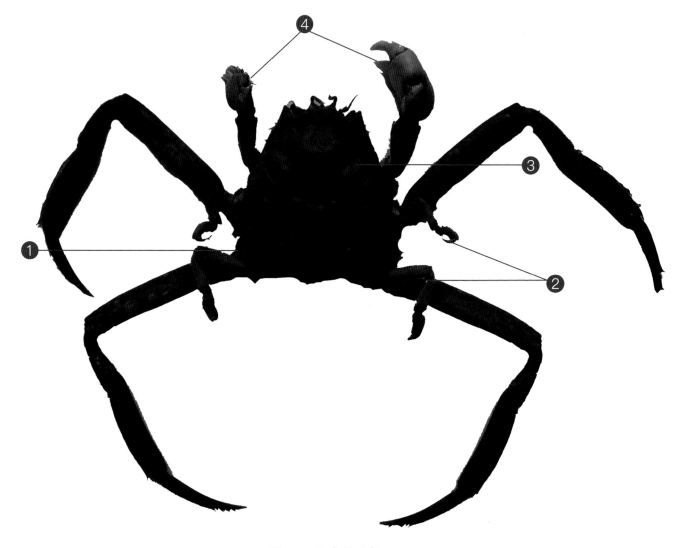

图 36　日本关公蟹

- ① 腹部没有完全弯折于头胸甲下
- ② 末两对步足退化,位于背部
- ③ 外眼窝齿低于额齿
- ④ 雄性螯足较大而不对称

■ 拟关公蟹属 *Paradorippe*

37. 端正关公蟹 *Paradorippe polita* (Alcock & Anderson, 1894)

【英 文 名】无。

【俗　　名】无。

【分类地位】软甲纲 Malacostraca，十足目 Decapoda，关公蟹科 Dorippidae，拟关公蟹属 *Paradorippe*。

【同种异名】*Dorippe polita* Alcock & Anderson, 1894。

【形态特征】头胸甲的宽度稍大于长度，表面光滑，额区及肝区均具细小颗粒及短绒毛。额短，前缘内凹有短毛，分成两个宽的三角形齿。背面观可见内口沟隆脊。内眼窝齿低平，圆钝，外眼窝角突出，并不超过额齿，腹眼窝齿短小三角形（图37）。

【分布范围】印度 - 太平洋中部区和太平洋北部温带区；中国、印度海域；中国分布于黄海、东海、南海。

【生态习性】亚热带种，海洋种，底层种类。常栖息泥沙滩海域。

【渔业利用】非经济种类。

【群体特征】见表37。

表37　端正关公蟹群体特征

群体特征	春季	夏季	秋季	冬季
头胸甲宽（mm）	27	−	27	−
体重（g）	7.4	−	8.4	−
资源量	+	−	+	−

图 37　端正关公蟹

① 腹部没有完全弯折于头胸甲下

② 末两对步足退化，位于背部；第四对步足指节钩状

③ 外眼窝齿几和额齿齐平

宽背蟹科 Euryplacidae

■ 强蟹属 *Eucrate*

38. 隆线强蟹 *Eucrate crenata* (De Haan, 1835)

【英 文 名】blunt-spined euryplacid crab。

【俗   名】无。

【分类地位】软甲纲 Malacostraca，十足目 Decapoda，宽背蟹科 Euryplacidae，强蟹属 *Eucrate*。

【同种异名】*Cancer crenata* De Haan, 1835。

【形态特征】头胸甲呈近圆六边形，前半部较后半部宽。表面隆起而光滑，头胸甲的两侧多有深红色小斑点和小颗粒。额分成两叶，前缘横切，中央有缺刻。螯足左右不对称，长节光滑，腕节隆起，背面末部具有一簇绒毛，掌节有斑点，指节较掌节为长，两指间有大的空隙。步足多少光滑，第一至第三对足依次渐长，末对足最短；长节前缘多少具颗粒，被有短毛，其他各节也具有短毛。生活时体呈紫褐色，额及前侧缘边缘色较淡（图38）。

【分布范围】印度-太平洋中部区和太平洋北部温带区；中国、韩国、日本海域；中国分布于渤海、黄海、东海、南海。

【生态习性】亚热带种，海洋种，底栖种类。栖息于沙质底的潮间带至浅海。

【渔业利用】非经济种类。

【群体特征】见表38。

表 38　隆线强蟹群体特征

群体特征	春季	夏季	秋季	冬季
头胸甲宽（mm）	18～45	20～41	—	21～42
体重（g）	3.2～40.0	3.4～29.1	—	3.0～25.2
资源量	++	+	—	+

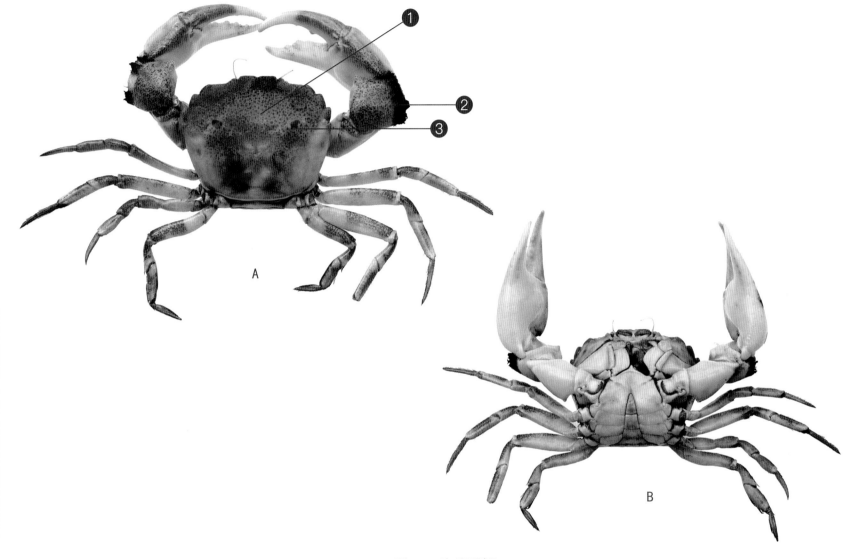

图 38　隆线强蟹
A. 背面　　B. 腹面（雄性）

① 头胸甲近圆六边形，体紫褐色，具颗粒状红色斑点

② 腕节隆起，背面末端具绒毛

③ 头胸甲前鳃区一般具一对较大的红色斑点

脊索动物门 Chordata

脊索动物门是动物界最高等的一门，已知有 7 万多种，现生的种类有 4 万多种。主要特征为在个体发育全过程或某一时期具有脊索、背神经管和鳃裂。可分为尾索动物亚门 Tunicate、头索动物亚门 Cephalochordata 和脊椎动物亚门 Vertebrata。本书出现的软骨鱼纲和辐鳍鱼纲均属于脊椎动物亚门。

软骨鱼纲 Chondrichthyes

内骨骼完全由软骨构成，有些部位钙化后也有一定的硬度，但不同于经过骨化形成的硬骨组织。体表被盾鳞。口位于腹面，横裂。偶鳍呈水平位，尾鳍多为歪尾型。胃的分化明显，有独立的胰脏和发达的肝脏。肠内有螺旋瓣。无鳔。鳃裂直接开口于体表。心脏具动脉圆锥。单一的泄殖腔孔开口于体外。雄性有交配器，称鳍脚。卵生，卵胎生或假胎生，体内受精，体外发育或体内发育。产卵量小，但成活率高。

本书记录鲼目 1 目，共计 1 科 1 属 1 种。

鲼目 Myliobatiformes

体盘宽大，圆形、斜方形或菱形。吻短或长，无吻软骨。鼻孔距口很近，具鼻口沟，或恰位于口前两侧；出水孔开口于口隅。胸鳍前延，伸达吻端，或前部分化为吻鳍或头鳍；背鳍一个或无。尾一般细长呈鞭状，上下叶退化，或较粗短而具尾鳍；尾刺有或无。腹鳍前部不分化为足趾状构造。无发电器。

魟科 Dasyatidae

■ *Hemitrygon* 属

39. 光魟 *Hemitrygon laevigata* (Chu, 1960)

【英 文 名】Yantai stingray。

【俗　　　名】黄鲼、滑子鱼。

【分类地位】软骨鱼纲 Chondrichthye, 鲼目 Myliobatiformes, 魟科 Dasyatidae, *Hemitrygon* 属。

【同种异名】*Dasyatis laevigatus* Chu, 1960。

【可数性状】口底乳突3个。

【可量性状】体盘长约为体盘宽的5/6，约为吻长的4.6倍；尾长约为体盘长的1.7倍。

【形态特征】体盘呈亚斜方形，前角和后角都呈圆形，最宽处在体盘的前半部。吻中长，吻端尖而稍突。眼大，突起，眼径比喷水孔稍大或相等。尾较细长，具上下皮膜，上皮膜较短，位于尾刺后方，与尾刺几乎等长；下皮膜较宽长。体光滑，无结刺，背面灰褐带黄色（图39）。

【分布范围】20°—35°N，116°—135°E；印度 - 太平洋中部区和太平洋北部温带区；中国、日本海域；中国分布于黄海、东海。

【生态习性】亚热带种，海洋种，底层种类。常栖息于近海泥沙底质海域，可在河口及沿岸浅海区发现其幼鱼。主要以底栖甲壳类为食，繁殖方式为卵胎生。

【渔业利用】次要经济鱼类。

【群体特征】见表39。

表39 光䲟群体特征

群体特征	春季	夏季	秋季	冬季
体盘长（mm）	187	282	—	—
体盘宽（mm）	208	347	—	—
体重（g）	293	1 468	—	—
资源量	+	+	—	—

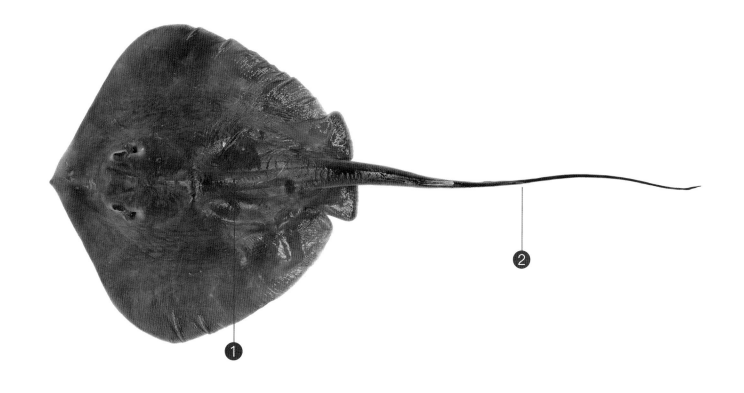

图39 光䲟

❶ 体表完全光滑，没有任何结刺

❷ 尾部具上下皮膜。上皮膜较短，始于尾刺端部之后，约与尾刺等长（尾刺已被剪断）；下皮膜较宽而长，约等于尾长的2/5

辐鳍鱼纲 Actinopterygii

成体的骨骼多为硬骨。大多口位于吻端。鳃间隔退化，具鳃盖骨，鳃裂不直接开口于体表。尾鳍大多为正尾型。体表大多被圆鳞或栉鳞。大多有鳔，作为身体的比重调节器。雄鱼一般没有交配器，一般都是体外受精，体外发育；卵小，成活率低，但产卵量大。

本书记录鳗形目、鲱形目、鼠鱚目、鲇形目、仙女鱼目、刺鱼目、鲉形目、鲈形目、鲽形目、鈍形目 10 目，共计 37 科 58 属 69 种。

鳗形目 Anguilliformes

体延长，鳗形。鳃孔狭窄。体裸露无鳞或被圆鳞。各鳍均无鳍棘，背鳍及臀鳍通常均很长，一般在后部与尾鳍（如存在）相连或不相连。无腹鳍。无中乌喙骨、后颞颥骨和基蝶骨。上匙骨（若有）与脊柱相连。前额骨不分离，与中筛骨愈合。具牙。上颌口缘由前额骨、中筛骨和上颌骨组成。眶蝶骨（若有）成对；通常无续骨。椎骨数多，达 260 个。有些种类椎体横突、髓弓与椎体完全骨化愈合。一般具肋骨及肌间骨。鳔（若有）有管与肠相接。个体发育中经过明显的变态，仔鱼为"叶状体"型，体似柳叶。

海鳝科 Muraenidae

■ 裸胸鳝属 *Gymnothorax*

40. 网纹裸胸鳝 *Gymnothorax reticularis* Bloch, 1795

【英 文 名】spotted moray。

【俗　　名】钱鳗、虎鳗、薯鳗、花鳝。

【分类地位】辐鳍鱼纲 Actinopterygii，鳗形目 Anguilliformes，海鳝科 Muraenidae，裸胸鳝属 *Gymnothorax*。

【同种异名】*Muraena reticularis* (Bloch, 1795)。

【可数性状】无胸鳍。

【可量性状】体长为体高的16～24倍，为体宽的22～30倍，为头与躯干部长的1.4～2.2倍，为头长的6.2～7.5倍；头长为吻长的5.8～7.9倍，为眼径的12.6～14.8倍，为眼间隔的6.4～9.2倍，为口裂长的2.9～3.1倍。

【形态特征】体中长，较侧扁，尾部长略大于头与躯干部长。头中大，锥形。吻短。眼小而圆，被半透明的皮膜。眼间隔宽，隆起。口大，前位，口裂伸达眼的后方，口裂长几为头长的1/3。上下颌约等长，或上颌稍突出。犁骨牙1行，较小。舌附于口底。鳃孔窄小，裂缝状。体无鳞，皮肤光滑。侧线孔不明显。背鳍起点在鳃孔的前上方。臀鳍起点在肛门后方。背鳍、臀鳍和尾鳍较发达，相连续，无胸鳍。体淡白色，体侧具15～22条绿褐色环带，头背侧横带间散步不规则斑点，腹部无斑点（图40）。

【分布范围】印度-太平洋西部区、印度-太平洋中部区和太平洋北部温带区；北至日本、韩国海域，南至澳大利亚海域，西至以色列海域和红海，东至巴布亚新几内亚海域；我国分布于东海、南海。

【生态习性】热带种，海洋种，底层种类。

【渔业利用】非渔业种类。

【群体特征】见表40。

表 40　网纹裸胸鳝群体特征

群体特征	春季	夏季	秋季	冬季
肛长（mm）	−	181.0	−	−
全长（mm）	−	−	−	−
体重（g）	−	62.3	−	−
资源量	−	+	−	−

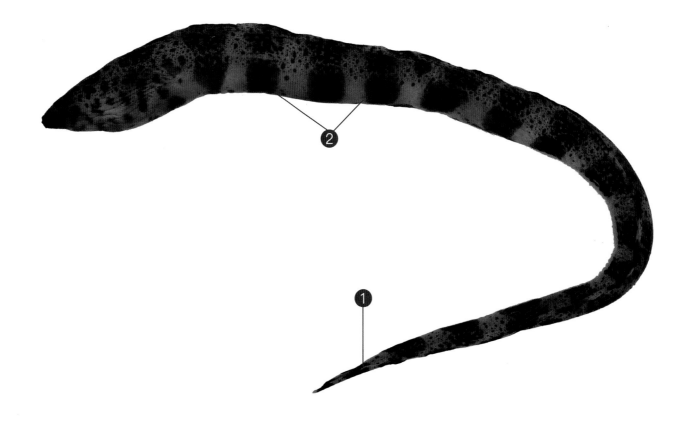

图 40　网纹裸胸鳝

❶ 无胸鳍，背鳍、臀鳍后部与尾鳍相连续

❷ 体表具15～22条绿褐色环带，环带由碎点组成

蛇鳗科 Ophichthidae

■ 豆齿鳗属 *Pisodonophis*

41. 食蟹豆齿鳗 *Pisodonophis cancrivorus* (Richardson, 1848)

【英 文 名】burrowing snake-eel, longfin snake-eel。

【俗　　名】豆齿鳗、硬骨仔。

【分类地位】辐鳍鱼纲 Actinopterygii，鳗形目 Anguilliformes，蛇鳗科 Ophichthidae，豆齿鳗属 *Pisodonophis*。

【同种异名】*Myrophis chrysogaster* Macleay, 1881；*Ophichthus madagascariensis* Fourmanoir, 1961；*Ophichthys cancrivorus* (Richardson, 1848)；*Ophisurus baccidens* Cantor, 1849；*Ophisurus brachysoma* Bleeker, 1853。

【可数性状】无尾鳍；椎骨152～163。

【可量性状】体长为体高的31.5倍，为头长的10.4倍；头长为吻长的4.4倍，为眼径的15.7倍，眼间距的5.8倍。

【形态特征】体延长，躯干部圆柱形，尾部侧扁。头中大，略呈锥形，比躯干部稍粗。吻短，钝尖。眼较小，圆形。眼间隔宽阔，隆起。鼻孔每侧2个，分离。口大，前位，口裂伸达眼的后方。上颌长于下颌。牙呈颗粒状；上下颌牙3～4行，排列不规则，呈带状，前方牙较大，前颌骨牙呈纺锤形牙丛，与犁骨牙相连续，犁骨牙3～5行，排列呈带状。体无鳞，皮肤光滑。侧线孔明显。背鳍起点在胸鳍中部上方或稍前。臀鳍起点在肛门的后方，背鳍、臀鳍较发达，止于尾端的稍前方，不相连续。胸鳍发达，后缘长圆形。无尾鳍，尾端尖秃（图41）。

【分布范围】印度-太平洋西部区、印度-太平洋中部区、印度-太平洋东部区和太平洋北部温带区；北至日本海域，南至澳大利亚海域，西至东非沿岸海域，东至美属萨摩亚群岛海域；我国分布于东海、南海。

【生态习性】热带种，广盐种，岩礁种类，底层种类。溯河产卵。潮间带和河口区常见，常将身体埋于泥沙质之中，仅露出头部。

【渔业利用】数量多，常见于底拖网渔获中，但经济价值不高。

【群体特征】见表41。

表 41 食蟹豆齿鳗群体特征

群体特征	春季	夏季	秋季	冬季
肛长（mm）	105～140	120～160	92～134	—
全长（mm）	286～389	313～438	259～352	—
体重（g）	13.9～39.0	19.0～56.6	8.9～32.0	—
资源量	+	+	+	—

图 41　食蟹豆齿鳗
A. 标本图　　B. 上颌齿

① 胸鳍发达

② 尾端尖硬，无鳍条，尾鳍缺失

③ 背鳍起点在胸鳍中部上方，在接近尾柄末端处稍有升高

④ 上颌长于下颌，上颌齿三叉状

■ 蛇鳗属 *Ophichthus*

42. 尖吻蛇鳗 *Ophichthus apicalis* [Anonymous(Bennett), 1830]

【英 文 名】pointed-tail snake-eel, bluntnose snake-eel。

【俗　　名】土龙、顶蛇鳗、硬骨鳝、硬骨。

【分类地位】辐鳍鱼纲 Actinopterygii, 鳗形目 Anguilliformes, 蛇鳗科 Ophichthidae, 蛇鳗属 *Ophichthus*。

【同种异名】*Ophichthus bangko* (Bleeker, 1852)；*Ophichthys apicalis* (Anonymous [Bennett], 1830)；*Ophisurus bangko* Bleeker, 1852；*Ophisurus compar* Richardson, 1848；*Ophisurus diepenhorsti* Bleeker, 1860。

【可数性状】无尾鳍。

【可量性状】全长为体高的28.3~39.5倍，为体宽的31.6~43.0倍，为头与躯干部长的2.3~2.8倍，为头长的9.1~11.1倍；头长为吻长的5.0~5.7倍，为眼径的11.5~16.0倍，为眼间隔的5.7~6.6倍；躯干部长为头长的2.5~3.8倍；尾长为头与躯干部长的1.4~1.6倍。

【形态特征】体延长，躯干部圆柱形，尾部稍侧扁。头中大，钝锥形。吻短钝。眼小，圆形。口大，前位，口裂伸达眼后缘下方。上颌长于下颌。体无鳞，皮肤光滑。侧线孔不明显。背鳍起点在胸鳍中部上方，稍前或稍后。臀鳍起点在肛门后方。背鳍、臀鳍较低，止于尾端稍前方，不相连续。胸鳍发达，扇形，为头长的1/5~1/3。无尾鳍，尾端尖秃。体呈黄褐色，腹侧淡黄色，腹面淡白色。背鳍和臀鳍边缘灰黑色。胸鳍淡灰色，上方灰黑色（图42）。

【分布范围】35°S—29°N，24°—127°E；印度-太平洋西部区、印度-太平洋中部区和太平洋北部温带区；北至中国海域，西至东非沿岸海域，东至菲律宾海域；中国分布于东海、南海。

【生态习性】热带种，咸水、咸淡水种，底层种类。主要为栖息于近岸沙泥底。穴居性，善于利用尾尖钻穴，退潮时钻入沙泥中，涨潮时游至沙泥上面。以底栖贝类、虾蛄等为食。

【渔业利用】中小型鱼类。被渔民视为药补食材，产量不高，经济价值较低。

【群体特征】见表42。

表 42　尖吻蛇鳗群体特征

群体特征	春季	夏季	秋季	冬季
肛长（mm）	-	104～145	-	-
全长（mm）	-	-	-	-
体重（g）	-	10.7～39.6	-	-
资源量	-	+	-	-

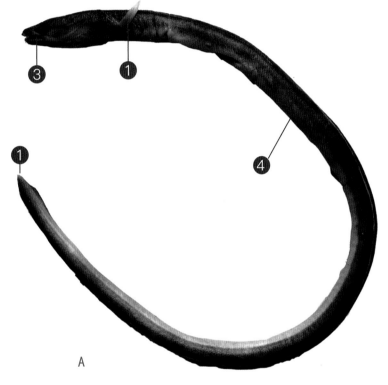

图 42　尖吻蛇鳗
A. 标本图　　B. 犁骨齿

① 胸鳍发达，尾端尖硬，无鳍条，尾鳍缺失
② 上颌齿1行。犁骨齿2行，呈V形排列
③ 眼中点位于上颌中点或后方
④ 肛门位于体中部之前

海鳗科 Muraenesocidae

■ 海鳗属 *Muraenesox*

43. 海鳗 *Muraenesox cinereus* (Forsskål, 1775)

【英 文 名】pike eel, conger pike, shape-toothed eel。

【俗   名】鳗鱼、虎鳗。

【分类地位】辐鳍鱼纲 Actinopterygii，鳗形目 Anguilliformes，海鳗科 Muraenesocidae，海鳗属 *Muraenesox*。

【同种异名】*Muraena arabicus* Bloch & Schneider, 1801；*Muraena cinerea* Forsskål, 1775；*Muraenesox arabicus* (Bloch & Schneider, 1801)。

【可数性状】椎骨145～159。

【可量性状】体长为体高的12.4～18.2倍，为体宽的15.1～22.6倍，为头与躯干部长的2.2～2.6倍，为头长的5.8～6.4倍；头长为吻长的3.4～3.9倍，为眼径的8.2～9.8倍，为眼间距的6.7～9.8倍。

【形态特征】体延长，躯干部圆筒形，尾部侧扁。尾长大于头与躯干部长。头大，锥形。吻中长，尖突。眼大，椭圆形，上侧位。口大，前位，稍斜裂，口裂长稍小于头长之半，伸达眼后方。上颌突出，长于下颌。上、下颌牙均为3行，中间一行最大，侧扁，三角形。犁骨牙3行，中间一行犬牙状，侧扁，三角形。体无鳞，皮肤光滑。背鳍起点在胸鳍基部前上。体背侧暗褐色或银灰色，腹侧乳白色。背鳍、臀鳍、尾鳍边缘黑色（图43）。

【分布范围】4°S—47°N, 30°—143°E；印度－太平洋西部区、印度－太平洋中部区和太平洋北部温带区；北至日本海域，南至澳大利亚海域，西至红海，东至斐济群岛海域；我国分布于渤海、黄海、东海、南海。

【生态习性】亚热带种，广盐种，底层鱼类，大洋洄游种类。常栖息于近海沙泥底质或岩礁区域、河口甚至淡水区域。凶猛肉食性种类，游动速度快，以底层小型鱼类和甲壳类为食。

【渔业利用】产量较高，重要经济鱼类。

【群体特征】见表43。

表 43 海鳗群体特征

群体特征	春季	夏季	秋季	冬季
肛长（mm）	81～294	118～170	171～182	96～131
全长（mm）	249～460	330～462	453～456	291～357
体重（g）	13.2～150.0	29.2～94.6	102.4～143.3	22.8～48.6
资源量	+	+	+	+

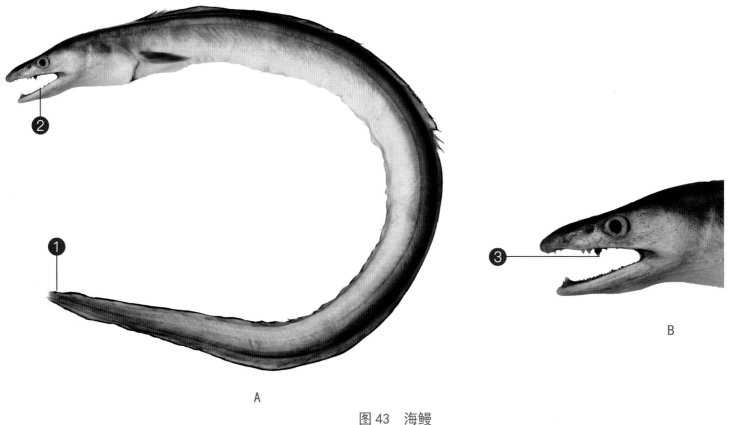

图 43 海鳗
A. 标本图　　B. 犁骨齿

① 体表无鳞，皮肤光滑，具有胸鳍，背鳍、臀鳍发达，后部与尾鳍相连

② 口大，舌附于口底，不游离

③ 犁骨牙较大，三角形，尖锐

鲱形目 Clupeiformes

体长形，侧扁，腹部圆或侧扁，常具棱鳞。头部具黏液管。口小或中等大。上颌口缘由前颌骨和上颌骨组成。辅上颌骨1~2块。牙小或不发达，个别具犬牙。鳃盖膜不与峡部相连。假鳃有或无。鳃耙细长或短。体被圆鳞，胸鳍和腹鳍基部具腋鳞。无侧线。背鳍一个，无硬棘，位于臀鳍前上方或后上方，或与臀鳍相对。无脂鳍。胸鳍下侧位。腹鳍腹位，鳍条6~11。尾鳍鳍条17。具眶蝶骨、中乌喙骨、上枕骨、上肌骨，椎体完全骨化。通常具鳔，鳔与食道相通，有时鳔的前端分为两支，与内耳相通。肠内常有不完全的瓣膜。球囊内具较大耳石。椎体横突不与椎体愈合。

鲱科 Clupeidae

■ 窝斑鲦属 *Konosirus*

44. 斑鲦 *Konosirus punctatus* (Temminck & Schlegel, 1846)

【英 文 名】spotted sardine, dotted gizzard shad, konoshiro gizzard shad。

【俗　　名】油鱼、扁屏仔、窝斑鲦。

【分类地位】辐鳍鱼纲 Actinopterygii，鲱形目 Clupeiformes，鲱科 Clupeidae，窝斑鲦属 *Konosirus*。

【同种异名】*Chatoessus aquosus* Richardson, 1846；*Chatoessus punctatus* Temminck & Schlegel, 1846；*Clupanodon punctatus* (Temminck and Schlegel, 1846)。

【可数性状】背鳍16~17；臀鳍22~23；胸鳍16；腹鳍8；纵列鳞52~54，横列鳞21~23；鳃耙212~218+211~215。

【可量性状】体长为体高的3.3~3.7倍，为头长的3.6~4.4倍，为尾柄长的8.1~11.8倍，为尾柄高的10.2~12.9倍；头长为吻长的3.8~4.5倍，为眼径的3.5~4.7倍，为眼间距的3.6~4.2倍；尾柄长为尾柄高的0.9~1.4倍。

【形态特征】体呈长椭圆形，侧扁稍高，眼部具锯齿状棱鳞，头中大。吻圆钝。眼中大，上侧位。口小，亚前位。上颌长于下颌，中央无显著缺刻。上下颌无牙。体被薄圆鳞，鳞中部具一连续沟，头部无鳞。背鳍中大，位于体中部，起点在腹鳍起点稍前上方，最后鳍条延长呈丝状。尾鳍分叉。体背部青色，体下侧银白色。头顶中央色较深，鳃盖后上方具一椭圆形黑斑（图44）。

【分布范围】23°—42°N, 117°—138°E；印度-太平洋中部区和太平洋北部温带区；北至俄罗斯海域，南至越南海域（中国、朝鲜、日本水域均有分布）；中国分布于渤海、黄海、东海、南海。

【生态习性】亚热带种，海洋种、咸淡水种，中上层种类，大洋洄游种类。常栖息于沿岸海域及河口水域。以浮游生物为食。在沿岸咸淡水区产卵，一个繁殖季节两次甚至多次产卵。

【渔业利用】产量一般，次要经济种类。

【群体特征】见表44。

表44 斑鰶群体特征

群体特征	春季	夏季	秋季	冬季
体长（mm）	93～127	—	176	116～138
全长（mm）	117～153	—	217	143～174
体重（g）	16.4～32.4	—	88.3	19.6～34.0
资源量	+	—	+	+

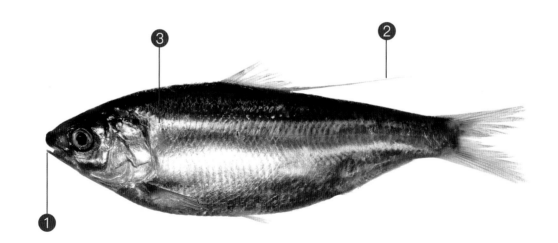

图44 斑鰶

① 口亚前位，无齿，上颌中间无显著缺刻

② 背鳍最后鳍条延长呈丝状

③ 体侧鳃盖后上方有一椭圆形黑斑，活体时明显，死亡后逐渐变为淡棕黄色；而花鰶是体侧有黑斑4～6个，沿纵轴排列

■ 小沙丁鱼属 *Sardinella*

45. 青鳞小沙丁鱼 *Sardinella zunasi* (Bleeker, 1854)

【英 文 名】goldstripe sardine, scaled sardine, Japanese sardinella。

【俗   名】柳叶鱼、青皮、青鳞鱼、鲲仔。

【分类地位】辐鳍鱼纲 Actinopterygii，鲱形目 Clupeiformes，鲱科 Clupeidae，小沙丁鱼属 *Sardinella*。

【同种异名】*Clupea zunasi* (Bleeker, 1854)；*Harengula zunasi* Bleeker, 1854。

【可数性状】背鳍17～19；臀鳍18～19；胸鳍14～16；腹鳍8；纵列鳞41～44，横列鳞12；下鳃耙48～57。

【可量性状】体长为体高的4.1～4.2倍，为头长的3.8～3.9倍，为尾柄长的9.2～9.4倍，为尾柄高的10.9～11.1倍；头长为吻长的3.5～3.6倍，为眼径的3.7～3.9倍，为眼间距的4.8倍；尾柄长为尾柄高的1.2倍。

【形态特征】体长椭圆形，侧扁而高，腹部具锐利棱鳞。头中大。吻中长，短于或等于眼径。眼中大，上侧位，除瞳孔外均被脂眼睑所覆盖。体被圆鳞。背鳍中大，起点位于体中部稍前方。臀鳍起点距腹鳍起点较距尾鳍基稍远，最后两鳍条稍扩大。胸鳍下侧位。腹鳍起点位于背鳍第十鳍条下方。尾鳍分叉。体背部青褐色，体侧及腹部银白色。鳃盖后上角具一黑斑，口周围黑色。背鳍浅灰色，鳍的前缘散布黑色点。尾鳍灰色，后缘黑色。胸鳍、腹鳍、臀鳍淡色（图45）。

【分布范围】22°—38°N，117°—134°E；印度-太平洋中部区和太平洋北部温带区；北至日本、韩国海域，南至越南海域，东至小笠原诸岛海域；我国分布于渤海、黄海、东海、南海。

【生态习性】亚热带种，海洋种，中上层种类，大洋洄游种类。常栖息于沿岸泥沙底质海域。以硅藻、桡足类及其他小型无脊椎动物为主要食物。

【渔业利用】产量很高，经济型种类。

【群体特征】见表45。

表45 青鳞小沙丁鱼群体特征

群体特征	春季	夏季	秋季	冬季
体长（mm）	49～128	75	—	—
全长（mm）	55～155	85	—	—
体重（g）	0.9～30.1	4.5	—	—
资源量	+	+	—	—

图45 青鳞小沙丁鱼

❶ 口前位，上颌中间无缺刻，上颌骨伸至眼中部前方或下方

❷ 鳃盖后上角具一黑斑

❸ 腹部侧扁，有棱鳞

鳀科 Engraulidae

鲚属 *Coilia*

46. 凤鲚 *Coilia mystus* (Linnaeus, 1758)

【英 文 名】tapertail anchovy, phoenix-tailed anchovy, long-tailed anchovy。

【俗　　名】凤尾鱼、烤籽鱼、籽鲚。

【分类地位】辐鳍鱼纲 Actinopterygii，鲱形目 Clupeiformes，鳀科 Engraulidae，鲚属 *Coilia*。

【同种异名】*Chaetomus playfairii* McClelland, 1844；*Choetomus playfairii* McClelland, 1844；*Clupea mystus* Linnaeus, 1758；*Coilia clupeoides* (Lacepède, 1803)；*Colia mystus* (Linnaeus, 1758)；*Mystus clupeoides* Lacepède, 1803；*Mystus ensiformes* Linnaeus, 1754。

【可数性状】背鳍Ⅰ，12；臀鳍73～86；胸鳍6～11；腹鳍7；纵列鳞58～65，横列鳞9～10；鳃耙18～21+25～30。

【可量性状】体长为体高的4.3～7.3倍，为头长的5.1～8.2倍，为尾柄长的26.9～38.0倍，为尾柄高的32.8～38.3倍；头长为吻长的2.8～4.0倍，为眼径的5.2～8.2倍，为眼间距的2.3～3.6倍；尾柄长为尾柄高的0.9～1.4倍。

【形态特征】体延长，侧扁，腹部具棱鳞，前部稍隆起而高，尾部向后逐渐细小。头小，侧扁，钝锥形。吻短，钝尖；吻长略大于眼径；眼中大，近吻端。眼间隔圆突。体被小圆鳞。无侧线。臀鳍基部很长，最后鳍条与尾鳍下叶相连或靠近。胸鳍下侧位，上部具6个游离鳍条，延长呈丝状，伸达臀鳍基部上方。尾鳍短小，上下叶不等，上叶长约为下叶长的2倍。体背部淡黄色，体侧及腹部银白色。鳃孔后部及各鳍鳍条基部金黄色。唇及鳃盖膜橘红色（图46）。

【分布范围】4°—42°N，94°—127°E；印度-太平洋中部区和太平洋北部温带区；北至朝鲜海域，南至越南海域和泰国湾；我国分布于渤海、黄海、东海、南海。

【生态习性】热带种，广盐种，中上层种类，两侧洄游种类。常栖息于沿岸水域和河口地区。主要以甲壳类为食。

【渔业利用】小型经济鱼类，非重要经济种，河口海域产量较高。

【群体特征】见表46。

表46 凤鲚群体特征

群体特征	春季	夏季	秋季	冬季
体长（mm）	111～205	76～162	78～180	94～190
全长（mm）	124～221	88～180	90～202	106～212
体重（g）	5.4～45.3	1.5～17.8	1.7～28.4	2.7～29.6
资源量	++	+	++	+++

图46 凤鲚
A. 标本图　　B. 胸鳍丝状延长

❶ 口大，下位，口裂到达眼后方

❷ 尾部很长，臀鳍和尾鳍几乎相连

❸ 胸鳍上部具6个丝状延长的游离鳍条

■ 棱鳀属 *Thryssa*

47. 黄吻棱鳀 *Thryssa vitrirostris* (Gilchrist & Thompson, 1908)

【英 文 名】orangemouth glassnose, orangemouth anchovy。

【俗　　名】含梳。

【分类地位】辐鳍鱼纲 Actinopterygii, 鲱形目 Clupeiformes, 鳀科 Engraulidae, 棱鳀属 *Thryssa*。

【同种异名】*Engraulis vitrirostris* Gilchrist & Thompson, 1908；*Thrissa vitrirostris* (Gilchrist & Thompson, 1908)；*Thrissocles vitirostris* (Gilchrist & Thompson, 1908)。

【可数性状】背鳍Ⅰ，11；臀鳍39~41；胸鳍12；腹鳍7；纵列鳞42~43，横列鳞10；下鳃耙21~22。

【可量性状】体长为体高的3.7~3.8倍，为头长的4.0倍；头长为吻长的4.7~5.4倍，为眼间距的3.4~3.9倍；尾柄长为尾柄高的1.0~1.1倍。

【形态特征】体延长，侧扁，背缘稍隆凸，腹部窄尖，具棱鳞15~16+9。头中大，侧扁，头顶直而上倾，中央具纵棱。吻短钝，吻长稍小于眼径。眼大，中侧位。口大，亚下位。上颌长于下颌，上颌骨末端伸越胸鳍基部。上下颌、犁骨、颚骨和舌上皆具细牙。背鳍较小，位于体中部，在臀鳍前上方，起点距尾鳍基较距吻端近。臀鳍起点位于背鳍最后鳍条下方。胸鳍较长大，下侧位，鳍端伸越腹鳍基部。腹鳍小，位于背鳍前下方，距胸鳍较距臀鳍近。尾鳍分叉。体背部淡青灰色，体侧及腹部银白色。鳃盖后上角具一青灰色大皮瓣。背鳍、胸鳍和尾鳍青黄色，其余各鳍白色（图47）。

【分布范围】40°S—31°N，20°W—130°E；印度-太平洋西部区和印度-太平洋中部区；西印度洋、阿拉伯海、孟加拉湾、波斯湾、阿曼湾；我国分布于东海、南海。

【生态习性】热带种，海洋种、咸淡水种，中上层种类，大洋洄游种类。近海聚集，常进入河口区域。

【渔业利用】小型鱼类，经济价值低。

【群体特征】见表47。

表47 黄吻棱鳀群体特征

群体特征	春季	夏季	秋季	冬季
体长（mm）	86～115	67	85～119	-
全长（mm）	104～136	87	100～141	-
体重（g）	7.0～15.3	2.7	5.4～16.2	-
资源量	+	+	+	-

图47 黄吻棱鳀

❶ 口大，下位，口裂到达眼后方，上颌骨末端延长至胸鳍基部

❷ 背鳍鳍条11

❸ 鳃盖后上角有一青灰色大皮瓣

48. 中颌棱鳀 *Thryssa mystax* (Bloch & Schneider, 1801)

【英 文 名】anchovy, mustached anchovy。

【俗　　名】范多、含梳。

【分类地位】辐鳍鱼纲 Actinopterygii，鲱形目 Clupeiformes，鳀科 Engraulidae，棱鳀属 *Thryssa*。

【同种异名】*Clupea mystax* Bloch & Schneider, 1801；*Clupea subspinosa* Swainson, 1839；*Engraulis hornelli* Fowler, 1924；*Engraulis mystacoides* Bleeker, 1852；*Engraulis mystax* (Bloch & Schneider, 1801)；*Scutengraulis mystax* (Bloch & Schneider, 1801)。

【可数性状】背鳍I，14～15；臀鳍36～44；胸鳍11～12；腹鳍7；纵列鳞40～45，横列鳞11～12；下鳃耙14～16；幽门盲囊12～16，椎骨44～47。

【可量性状】体长为体高的4.0～4.4倍，为头长的4.0～5.0倍。头长为吻长的5.0～5.8倍，为眼径的3.4～4.0倍，为眼间隔的5.0倍。尾柄长为尾柄高的1.0倍。

【形态特征】体延长，侧扁，腹缘具棱鳞14～17+9～12。头中大。吻圆钝，吻长短于眼径。眼较小，前侧位，眼间隔中间凸出。口大，亚下位，斜裂，口裂伸达眼后下方。上颌稍长于下颌，上颌骨较长，后端伸达胸鳍基部的前方。上下颌、犁骨、颚骨和舌上都具细牙。背鳍较小，位于体中部，起点位于吻端和尾鳍基中间。臀鳍基部长，起点位于背鳍中部下方。胸鳍下侧位，鳍端伸达腹鳍。腹鳍小，位于背鳍前下方。尾鳍分叉。体背部青色，体侧银白色。吻部浅黄色，鳃盖后方具一青黄色斑。胸鳍和尾鳍黄色（图48）。

【分布范围】9°S—25°N，69°—117°E；印度-太平洋西部区、印度-太平洋中部区和太平洋北部温带区；北至中国海域，南至澳大利亚海域，西至波斯湾，东至巴布亚新几内亚海域；中国分布于渤海、黄海、东海、南海。

【生态习性】热带种，海洋种、咸淡水种，中上层种类，大洋洄游种类。常在近海集群，可进入半咸水区域。以浮游生物为食。

【渔业利用】小型鱼类，产量较低，经济价值低。

【群体特征】见表48。

表 48　中颌棱鳀群体特征

群体特征	春季	夏季	秋季	冬季
体长（mm）	96～111	—	—	58～118
全长（mm）	108～136	—	—	70～139
体重（g）	6.5～13.6	—	—	1.5～14.2
资源量	+	—	—	+

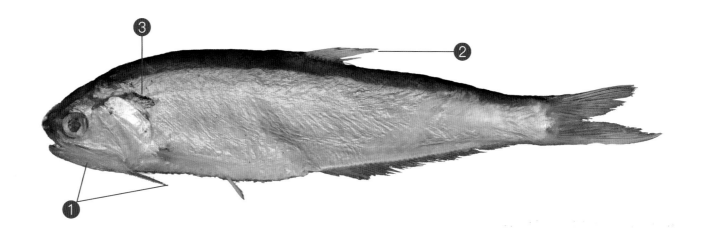

图 48　中颌棱鳀

① 口大，下位，口裂到达眼后方，上颌骨末端延长至胸鳍基部

② 背鳍鳍条14～15

③ 鳃盖后方具一青黄色斑

■ 侧带小公鱼属 *Stolephorus*

49. 康氏侧带小公鱼 *Stolephorus commersonnii* Lacepède, 1803

【英文名】tropical anchovy, long-jawed anchovy, Commerson's anchovy, Teri anchovy。

【俗　　名】康氏小公鱼、鲚仔、江鱼、黄巾、白弓。

【分类地位】辐鳍鱼纲 Actinopterygii，鲱形目 Clupeiformes，鳀科 Engraulidae，侧带小公鱼属 *Stolephorus*。

【同种异名】*Anchovia commersoniana* (Lacepède, 1803)；*Anchoviella commersonii* (Lacepède, 1803)；*Anchoviella indica* (non Hasselt, 1823)；*Clupea tuberculosa* Lacepède, 1803；*Stolephorus commerrianus* Lacepède, 1803；*Stolephorus commerson* Lacepède, 1803。

【可数性状】背鳍15~16；臀鳍20；胸鳍12；腹鳍7；纵列鳞37~38，横列鳞8~9；鳃耙18~21+25~29。

【可量性状】体长为体高的4.0~4.6倍，为头长的3.9~4.0倍；头长为吻长的5.3~5.6倍，为眼径的3.2~4.0倍，为眼间距的4.0~4.6倍；尾柄长为尾柄高的1.5倍。

【形态特征】体延长，侧扁，背缘较平直，眼缘微凸，胸鳍至腹鳍间的腹部具尖锐骨刺6~7个。头中大，自吻部至头后部中央有一条低隆起棱。吻圆钝，突出，吻长小于眼径。眼较大，前侧位，无脂眼睑。眼间隔稍宽，中间具纵棱。口大，亚下位，斜裂。上颌长于下颌，上颌骨后端伸达鳃盖骨后下缘。背鳍稍大，位于体中部稍后方，起点距尾鳍基部比距吻端近。臀鳍起点位于背鳍盖底中部下方。胸鳍下侧位。腹鳍起点距臀鳍起点与距胸鳍基部约相等。尾鳍分叉。体呈白色半透明，体侧具一银白色纵带。头顶具一U形青黑斑。鳃盖银白色。背部具黑色点2~3列，背鳍基部和尾鳍上具黑色细点。尾鳍黄色，其余各鳍浅色（图49）。

【分布范围】24°S—27°N, 38°—155°E；印度-太平洋西部区、印度-太平洋中部区和太平洋北部温带区；北至中国海域，南至澳大利亚海域，西至东非沿岸、马达加斯加海域，东至巴布亚新几内亚海域；中国分布于黄海、南海。

【生态习性】热带种，海洋种、咸淡水种，上层种类，会洄游至河口盐度较低水域产卵。沿岸集群，常进入河口水域。以桡足类和虾类幼体等浮游生物为食。

【渔业利用】小型鱼类，历史上产量较高，具有一定的经济价值。

【群体特征】见表49。

表 49　康氏侧带小公鱼群体特征

群体特征	春季	夏季	秋季	冬季
体长（mm）	39～58	58～69	11～51	-
全长（mm）	45～72	73～86	48～62	-
体重（g）	0.4～2.2	2.1～3.1	0.6～1.4	-
资源量	+	+	+	-

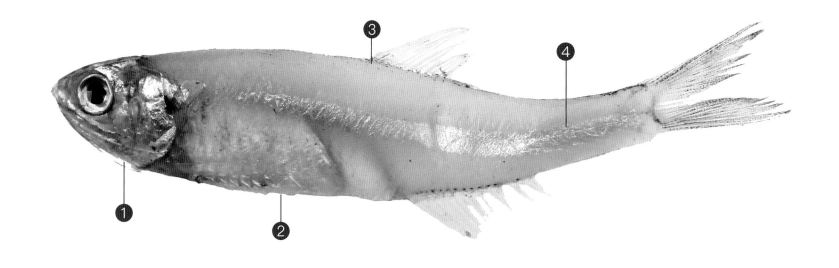

图 49　康氏侧带小公鱼

❶ 口大，下位，口裂到达眼后方

❷ 腹部有棱鳞，臀鳍基短，鳍条20，始于背鳍基下方

❸ 背鳍前方无小刺，起点距尾鳍基部比具吻端近

❹ 体侧具银色纵带

鼠鱚目 Gonorynchiformes

体圆柱形或侧扁，腹部无棱鳞。颏部无喉板。眼被脂眼睑覆盖。口小，下位或前位。上颌口缘由前上颌骨组成。一般无辅上颌骨。上下颌和颚骨无牙或几近无牙。鳃盖膜与峡部相连或不相连。鳃盖条3～4个。具鳃上器官。上前鳃盖骨或有或无。体被圆鳞或栉鳞，胸鳍和腹鳍基部具窄长腋鳞。具侧线。背鳍一个，无硬棘。无脂鳍。臀鳍位于背鳍后下方。胸鳍下侧位。腹鳍腹位，鳍条9～12。尾鳍分叉，或浅或深，鳍条13～17。无眶蝶骨、基蝶骨，具中乌喙骨。通常无鳔；若有鳔时，鳔与食道相通而不与内耳相通。动脉圆锥具一对瓣膜。

鼠鱚科 Gonorynchidae

■ 鼠鱚属 *Gonorynchus*

50. 鼠鱚 *Gonorynchus abbreviatus* Temminck & Schlegel, 1846

【英 文 名】bighead beaked sandfish, beaked salmon。

【俗　　名】老鼠梭。

【分类地位】辐鳍鱼纲 Actinopterygii，鼠鱚目 Gonorynchiformes，鼠鱚科 Gonorynchidae，鼠鱚属 *Gonorynchus*。

【同种异名】无。

【可数性状】背鳍11；臀鳍9；胸鳍10；腹鳍8；侧线鳞168～176。

【可量性状】体长为体高的7.3～8.6倍，为头长的4.2～4.4倍；头长为吻长的2.5～2.8倍，为眼径的4.4～4.8倍，为眼间距的7.1～7.7倍。

【形态特征】体延长，圆筒形。背缘、腹缘几平直。头圆锥形。吻尖长，突出，吻端腹面有一短须，约为眼径之半。眼中大，位于头侧中部，全被脂膜覆盖。口侧自颏部至上颌前方各具一薄褶形成深沟。两颌、犁骨和颚骨无牙，唇厚，唇缘有许多丝状突起。肛门位于身体后端1/5处。头部及全身被细小栉鳞；胸鳍和腹鳍基部有细长肉质附属物。侧线平直，位于体侧中央，伸达尾鳍基部。背鳍一个，位于体之后半部，始于腹鳍基底上方。体呈灰棕色，腹部浅色，背鳍黑色基部淡棕色，胸鳍和腹鳍黑色，臀鳍浅色，尾鳍上下叶末端黑色（图50）。

【分布范围】印度-太平洋中部区和太平洋北部温带区；中国、朝鲜、日本海域；中国分布于渤海、黄海、东海、南海。

【生态习性】亚热带种，海洋种，底层种类。常栖息于泥沙质潮下带海域。

【渔业利用】小型鱼类，肉有毒，不可食用。

【群体特征】见表50。

表50 鼠鳝群体特征

群体特征	春季	夏季	秋季	冬季
体长（mm）	-	160	-	-
全长（mm）	-	178	-	-
体重（g）	-	28.1	-	-
资源量	-	+	-	-

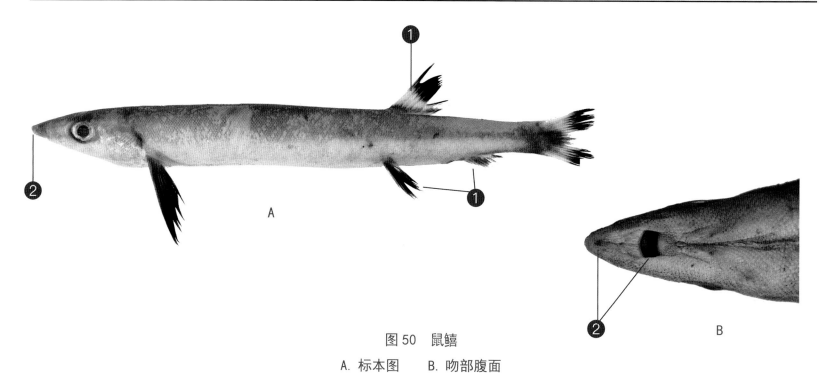

图50 鼠鳝
A. 标本图　　B. 吻部腹面

① 背鳍、臀鳍、腹鳍后位，各鳍末端为黑色

② 吻突出，腹部具一短须，口小，下位

鲇形目 Siluriformes

体裸露或被骨板。吻部通常具须。上下颌常具牙。颌骨退化仅余痕迹，用以支持口须。无顶骨、下鳃盖骨、缝合骨。椎骨的第二、第三、第四（有时第五）椎体彼此固结，横突与椎体同骨化。耳壶甚大，最大的耳石在椭圆囊或耳壶内，豆状囊一般较小。

海鲇科 Ariidae

海鲇属 *Arius*

51. 斑海鲇 *Arius maculatus* (Thunberg, 1792)

【英 文 名】spotted catfish。

【俗　　名】成仔鱼、印度鳠。

【分类地位】辐鳍鱼纲 Actinopterygii，鲇形目 Siluriformes，海鲇科 Ariidae，海鲇属 *Arius*。

【同种异名】*Silurus maculatus* Thunberg, 1792；*Pimelodus thunberg* Lacepède, 1803；*Bagrus gagorides* Valenciennes, 1840；*Hemipimelodus bicolor* Fowler, 1935；*Hemipimelodus atripinnis* Fowler, 1937。

【可数性状】背鳍Ⅰ，7；臀鳍19；胸鳍Ⅰ，11；腹鳍6；尾鳍21。

【可量性状】体长为体高的4.4~5.0倍，为头长的3.7~4.2倍；头长为眼径的4.3~6.8倍；尾柄长为尾柄高的1.9~2.4倍。

【形态特征】体延长，后部侧扁。头部平扁，较宽。吻画钝；吻长大于眼径。眼较小，椭圆形。口大，下位，口裂近水平。上颌稍突出。上下颌具绒毛状牙带，上颌牙带左右连续，下颌牙于缝合部分离。颚齿颗粒状，每侧一群。须3对，下颌须及颐须各1对；上颌须1对，较长，可伸达胸鳍基部。体裸露无鳞，皮肤光滑。头部背面散有颗粒状棘突。侧线较为明显，在尾鳍基部分为两叉。吻上有黏液孔。背鳍有一硬棘，起点在胸鳍后上方；后方具一小脂鳍，与臀鳍相对（图51）。

【分布范围】印度－太平洋西部区、印度－太平洋中部区和太平洋北部温带区；北至日本、韩国海域，南至努沙登加拉群岛海域，西至也门海域和阿拉伯海；我国分布于东海、南海。

【生态习性】热带种，海洋种、咸淡水种，底层种类，两侧洄游种类。常栖息于水流缓慢的泥质海区，可进入河口区及感潮河段。主要以底栖无脊椎动物为食。背鳍和胸鳍硬棘有毒腺。

【渔业利用】常见经济种类,产量较高。

【群体特征】见表51。

表51 斑海鲇群体特征

群体特征	春季	夏季	秋季	冬季
体长(mm)	177～204	−	90～116	107～116
全长(mm)	216～257	−	113～143	130～139
体重(g)	89.6～149.2	−	16.5～29.0	18.3～22.0
资源量	+	−	+	+

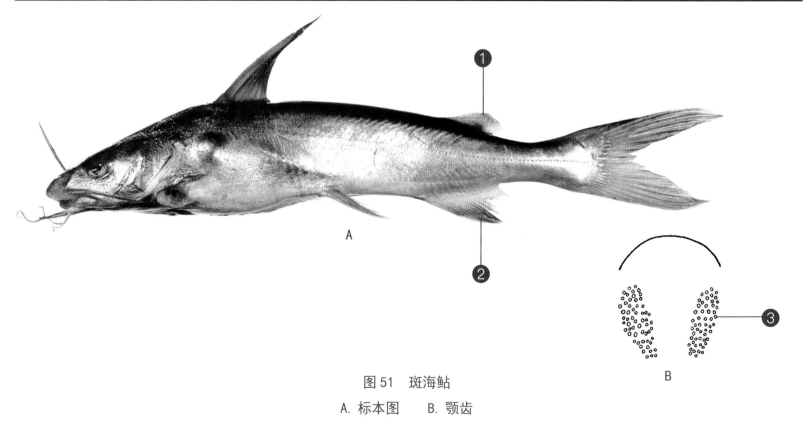

图51 斑海鲇
A. 标本图　B. 颚齿

① 与臀鳍相对位置具一小脂鳍

② 臀鳍基较短,鳍条数16~17,尾鳍鳍条17

③ 颚齿每侧1群,位置靠后,与上颌齿带较远

仙女鱼目 Aulopiformes

鳃弓特化，具体表现为第二咽鳃骨大，向后延伸超出第三咽鳃骨；第二上鳃骨具钩状突，与第三咽鳃骨连接，第三咽鳃骨缺失与第二上鳃骨相连接的软骨髁，鳔退化或缺失。腹鳍腹位，腰带翼突融合。具脂鳍。本目鱼类仔稚鱼和成体形态差异较大，幼体鳍特别延长。

合齿鱼科 Synodontidae

■ 蛇鲻属 *Saurida*

52. 长蛇鲻 *Saurida elongata* (Temminck & Schlegel, 1846)

【英 文 名】elongate lizardfish, slender lizardfish。

【俗　　名】九棍、九贪、大丁、狗母梭。

【分类地位】辐鳍鱼纲 Actinopterygii，仙女鱼目 Aulopiformes，合齿鱼科 Synodontidae，蛇鲻属 *Saurida*。

【同种异名】*Aulopus elongatus* Temminck & Schlegel, 1846。

【可数性状】背鳍11～12；臀鳍10～11；胸鳍14～15；腹鳍9；侧线鳞62～65；幽门盲囊17～20；椎骨59～60。

【可量性状】体长为体高的7.9～10.6倍，为头长的4.9～5.5倍，为尾柄长的14.9～17.9倍，为尾柄高的19.1～20.0倍；头长为吻长的3.3～3.7倍，为眼径的4.3～5.6倍，为眼间距的2.6～4.0倍；尾柄长为尾柄高的1.1～1.9倍。

【形态特征】体延长，前部亚圆筒形，后部稍侧扁。头中大，背部平。吻钝尖，吻长大于眼径。眼较小，上侧位。脂眼睑发达。口大，口裂伸达眼的远后下方。上下颌等长，密生细牙。颌骨每侧具2组牙带，外组牙带窄长（2～3行），内组牙带呈块状（2～3行）。舌上具细牙。鳃孔大。鳃耙呈针尖状。肛门靠近臀鳍。侧线直线状，伸达尾柄中央。背鳍中大，起点位于腹鳍基部后上方，吻端和脂鳍的中间处。具小脂鳍。尾鳍分叉。无鳔。体背部和体侧棕褐色，腹部银白色（图52）。

【分布范围】印度-太平洋中部区和太平洋北部温带区；北至日本、韩国海域，南至澳大利亚海域，西至越南海域，东至巴布亚新几内亚海域；我国分布于渤海、黄海、东海、南海。

【生态习性】温水种，海洋种，底层种类。栖息于沙质底浅海区域。凶猛肉食性种类，可将身体埋入沙中隐藏，伺机跃起捕食猎物。主要以鱼类、头足类和口足类为食。

【渔业利用】产量较高，具有一定的经济价值。

【群体特征】见表52。

表52 长蛇鲻群体特征

群体特征	春季	夏季	秋季	冬季
体长（mm）	125～212	116～201	143	122～258
全长（mm）	150～251	136～238	171	104～300
体重（g）	22.7～100.0	15.7～105.9	32.4	9.8～174.7
资源量	+	+	+	+

图52 长蛇鲻

① 体不柔软，被鳞

② 背鳍后方近尾鳍端具一脂鳍

③ 颚骨每侧有2组牙带

④ 胸鳍较短，不伸达腹鳍基底

■ 镰齿鱼属 *Harpadon*

53. 龙头鱼 *Harpadon nehereus* (Hamilton, 1822)

【英 文 名】bombay duck。

【俗　　名】龙头考、九吐、殿鱼、西丁。

【分类地位】辐鳍鱼纲 Actinopterygii，仙女鱼目 Aulopiformes，合齿鱼科 Synodontidae，镰齿鱼属 *Harpadon*。

【同种异名】*Osmerus nehereus* Hamilton, 1822。

【可数性状】背鳍11～12；臀鳍13～15；胸鳍11；腹鳍9；侧线鳞42～45；幽门盲囊16～20；椎骨43～45。

【可量性状】体长为体高的5.9～8.3倍，为头长的5.8～7.1倍，为尾柄长的8.4～15.1倍，为尾柄高的18.0～20.3倍；头长为吻长的3.9～7.0倍，为眼径的7.9～11.4倍，为眼间距的2.7～4.2倍；尾柄长为尾柄高的0.9～2.4倍。

【形态特征】体柔软，延长，前部正圆筒形，后部稍侧扁。头中大，头部背面稍圆。吻短钝。眼细小，前侧位，靠近吻端。脂眼睑发达。口大，前位。下颌稍长于上颌。上下颌具细尖的钩状牙，能倒伏。体前部光滑无鳞，后部被细鳞，侧线具一行较大的鳞，伸达尾叉。尾叉最后数鳞片较大，有时突出尾叉中间之外。侧线完全，上侧位，侧线孔显著。无鳔。体呈乳白色带灰色，背部淡黄色。背鳍、胸鳍、腹鳍和尾鳍深黑色，基部浅色。臀鳍灰黑色（图53）。

【分布范围】12°S—31°N, 40°—153°E；印度－太平洋西部区、印度－太平洋中部区和太平洋北部温带区；北至日本、韩国海域，南至印度尼西亚海域，西至索马里沿岸海域，东至巴布亚新几内亚海域；我国分布于黄海、东海、南海。

【生态习性】热带种，海洋种、咸淡水种，底层种类，大洋洄游种类。栖息于泥沙底质的外海深水区，有时聚集成群，在河口区摄食。游动能力不强。凶猛性肉食种类，主要以鱼类及甲壳类为食。

【渔业利用】鱼市常见种类，价格不高。在有产海区一般会是优势种，产量高，具有较高的经济价值。

【群体特征】见表53。

表53 龙头鱼群体特征

群体特征	春季	夏季	秋季	冬季
体长（mm）	127～212	112～230	60～215	59～234
全长（mm）	155～249	138～276	73～257	75～277
体重（g）	10.0～85.7	8.6～110.0	0.9～96.0	1.0～126.2
资源量	+	++	+++	+++

图53 龙头鱼

① 体柔软，少部分被鳞

② 口具钩状犬牙，颚骨每侧具一组牙带

③ 背鳍后方近尾鳍端具一脂鳍

刺鱼目 Gasterosteiformes

体延长，侧扁或呈管状，有些种类体被骨板或甲片。吻通常呈管状。口小，前位，上缘由前上颌骨或由上颌骨与前上颌骨组成。牙有或无。背鳍1或2个，第一背鳍存在时具2个或更多游离棘。腹鳍腹位、亚腹位或亚胸位；背鳍、臀鳍、胸鳍常不分支。腰骨不与匙骨相连；后耳骨、肋骨、眶下骨有或无；无眶蝶骨。鳃盖条骨1～7根。体裸露无鳞或具栉鳞。鳔无管。

海龙科 Syngnathidae

■ 海马属 *Hippocampus*

54. 克氏海马 *Hippocampus kelloggi* Jordan & Snyder, 1901

【英 文 名】great seahorse。

【俗　　名】大海马。

【分类地位】辐鳍鱼纲 Actinopterygii，刺鱼目 Gasterosteiformes，海龙科 Syngnathidae，海马属 *Hippocampus*。

【同种异名】*Hippocampus suezensis* Duncker, 1940；*Hippocampus kuda* (non Bleeker, 1852)。

【可数性状】背鳍18～19；无腹鳍；臀鳍4；胸鳍18；无尾鳍；骨环11+39～40。

【可量性状】全长为体高的9.5～10.3倍，为头长的5.5～7.1倍；头长为吻长的1.9～2.1倍，为眼径的5.2～5.7倍，为眼间距的5.2～5.4倍。

【形态特征】体侧扁，腹部颇凸出，躯干部骨环呈七棱形，尾部骨环四棱形，尾端卷曲。吻细长，管状，吻长稍大于眼后头长。眼较大，上侧位。口小，前位，口裂小，水平状，口张开时，略呈半圆形。无牙。肛门位于臀鳍稍前方、躯干第十一骨环的腹面。体无鳞，全由骨质环所包。无侧线。背鳍较发达，位于躯干部最后两骨环及尾部最前两骨环的背方。臀鳍较小，紧位于肛门后方。胸鳍宽短，侧位，扇形。无腹鳍和尾鳍。各鳍无棘，鳍条不分支。雄鱼尾部腹面具孵卵囊（图54）。

【分布范围】印度-太平洋西部区、印度-太平洋中部区和太平洋北部温带区；北至日本海域，南至菲律宾海域，西至坦桑尼亚沿岸海域；我国分布于东海、南海。

【生态习性】海洋种，底层种类，不洄游，一般位于较深水层。珊瑚礁鱼类。主要栖息于具海藻床的礁石区。以小型浮游动物为食。卵胎生种类。

【渔业利用】 小型鱼类，一般不直接食用，但可作为中药药材，价格较高。

【群体特征】 见表54。

表54　克氏海马群体特征

群体特征	春季	夏季	秋季	冬季
全长（mm）	−	80	−	−
体重（g）	−	0.9	−	−
资源量	−	+	−	−

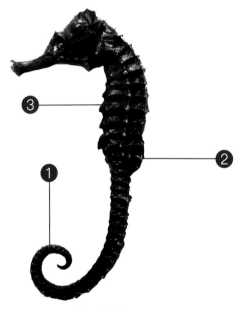

图54　克氏海马

❶　无腹鳍，无尾鳍，尾端卷曲

❷　背鳍位于躯干部与尾部结合处

❸　全身包被骨板，骨环11+39～40

烟管鱼科 Fistulariidae

■ 烟管鱼属 *Fistularia*

55. 鳞烟管鱼 *Fistularia petimba* Lacepède, 1803

【英 文 名】trumpetfish, rough flutemouth, pipefish, cornet fish。

【俗　　名】烟管鱼、马鞭鱼。

【分类地位】辐鳍鱼纲 Actinopterygii, 刺鱼目 Gasterosteiformes, 烟管鱼科 Fistulariidae, 烟管鱼属 *Fistularia*。

【同种异名】*Fistularia immaculata* Cuvier, 1816；*Fistularia rubra* Miranda Ribeiro, 1903；*Fistularia serrata* Cuvier, 1816；*Fistularia starksi* Jordan & Seale, 1905；*Fistularia villosa* Klunzinger, 1871。

【可数性状】背鳍14；臀鳍12~13；胸鳍14~15；腹鳍6；尾鳍6-1-6。

【可量性状】体长为体高的32.5~37.3倍，为头长的2.6~2.8倍；头长为吻长的1.2~1.4倍，为眼径的12.3~14.5倍，为眼间距的22.6~24.7倍。

【形态特征】体颇延长，鞭状，前部平扁，后部圆柱形，体宽大于体高。头长。吻很长，管状，吻的侧缘具脊，上有锯齿状细棘。眼小，长圆形口小，前位，口裂近水平。下颌突出，长于上颌。鳃4个。无鳃耙。肛门紧位于臀鳍前方。皮肤光滑，裸露。侧线完全，在背鳍和臀鳍后方具脊状侧线鳞。背鳍1个，无棘，始于肛门后上方，约位于体后部1/5处。臀鳍和背鳍相对，同形。尾鳍分叉，中间鳍条特别延长，呈丝状。体呈红色，腹部淡白色。尾鳍暗褐色，其余各鳍浅色（图55）。

【分布范围】39°S—44°N；印度-太平洋西部区、印度-太平洋中部区、印度-太平洋东部区、太平洋北部温带区、大西洋热带区、南非温带区和南美温带区；除美洲西海岸外，其他热带海域均有分布；我国分布于东海、南海。

【生态习性】热带种，海洋种、咸淡水种，岩礁种类。栖息于软质基底的沿岸海域。肉食性，通过长管状吻部吸食小型鱼类和虾类。

【渔业利用】食用价值较高，产量低，无经济价值。

【群体特征】见表55。

表 55　鳞烟管鱼群体特征

群体特征	春季	夏季	秋季	冬季
体长（mm）	−	196	−	−
全长（mm）	−	304	−	−
体重（g）	−	2.7	−	−
资源量	−	+	−	−

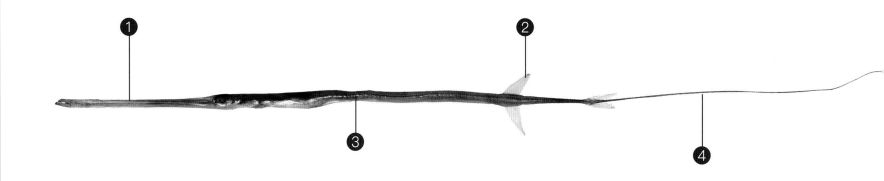

图 55　鳞烟管鱼

❶ 吻很长，身体管状，具腹鳍

❷ 背鳍、臀鳍同形相对

❸ 皮肤光滑，裸露

❹ 尾鳍叉状，中间鳍条延长呈丝状

鲉形目 Scorpaeniformes

第二眶下骨后延为一骨突，与前鳃盖骨连接。顶骨与板骨愈合。鼻骨不互相愈合，亦不与额骨相连。头部常具棱和棘或骨板。体被栉鳞、圆鳞、绒毛状细刺或骨板，或光滑无鳞。上下颌牙一般均细小；犁骨及颚骨常具牙。具假鳃。第四鳃弓后方常具一裂孔。鳃盖条5~7。具1~2个背鳍，由鳍棘部和鳍条部组成。臀鳍鳍棘1~3，或消失。胸鳍宽大，有或无指状游离鳍条。腹鳍胸位或亚胸位，鳍棘1，鳍条2~5。有时两腹鳍连合形成吸盘。

鲉科 Scorpaenidae

菖鲉属 *Sebastiscus*

56. 褐菖鲉 *Sebastiscus marmoratus* (Cuvier, 1829)

【英文名】false kelpfish。

【俗　　名】石狗公。

【分类地位】辐鳍鱼纲 Actinopterygii，鲉形目 Scorpaeniformes，鲉科 Scorpaenidae，菖鲉属 *Sebastiscus*。

【同种异名】*Sebastes marmoratus* Cuvier, 1829。

【可数性状】背鳍XII-12；臀鳍III-5；胸鳍18；腹鳍I-5；尾鳍17~23；侧线鳞40~42；鳃耙7+16。

【可量性状】体长为体高的2.8~3.7倍，为头长的2.4~2.8倍；头长为吻长的3.4~4.4倍，为眼径的3.4~4.4倍；尾柄长为尾柄高的1.5倍。

【形态特征】体中长，侧扁，长椭圆形。头中大，侧扁。眼中大，上侧位，眼球高达头背缘；口中大，端位，斜裂，上下颌等长，上颌骨延伸至眼眶后缘下方。体呈褐色或褐红色，侧线上方具6条较明显的褐色横纹，中间具5个红色斑块，侧线下方散布云状斑纹。各鳍部褐红色，鳍条散布白色斑点（图56）。

【分布范围】印度-太平洋中部区和太平洋北部温带区；北至朝鲜海域，南至澳大利亚海域；我国分布于渤海、黄海、东海、南海。

【生态习性】热带种，海洋种，底层种类，大洋洄游种类。常栖息于近岸岩礁区域。主要以小型鱼类、麦秆虫、泥螺、藻类为食。卵胎生，体内受精。鳍棘有毒腺，毒性不强。

【渔业利用】中型鱼类，味美，但产量不高，具有一定经济价值。

【群体特征】见表56。

表 56　褐菖鲉群体特征

群体特征	春季	夏季	秋季	冬季
体长（mm）	29～36	65	126	−
全长（mm）	36～54	82	157	−
体重（g）	0.5～1.2	7.2	76.0	−
资源量	＋	＋	＋	−

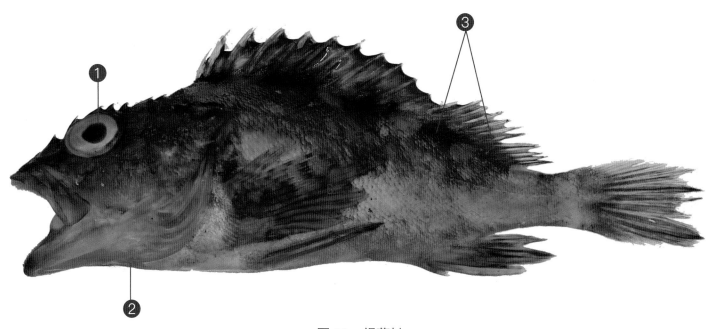

图 56　褐菖鲉

❶　头部具棱，较显著

❷　鳃盖膜分离，不与峡部相连

❸　体褐色，侧线上方具6条褐色横纹

■ 虎鲉属 *Minous*

57. 单指虎鲉 *Minous monodactylus* (Bloch & Schneider, 1801)

【英 文 名】grey stingfish, grey goblinfish。

【俗   名】虎仔、虎鱼、石狗公。

【分类地位】辐鳍鱼纲 Actinopterygii，鲉形目 Scorpaeniformes，毒鲉科 Synanceiidae，虎鲉属 *Minous*。

【同种异名】*Minous adamsii* Richardson, 1848；*Minous blochi* Kaup, 1858；*Minous echigonius* Jordan & Starks, 1904；*Minous oxycephalus* Bleeker, 1876；*Minous woora* Cuvier, 1829；*Scorpaena biaculeata* Kuhl & van Hasselt, 1829；*Scorpaena monodactyla* Bloch & Schneider, 1801。

【可数性状】背鳍X-11；臀鳍Ⅱ-9~10；胸鳍11-1；腹鳍Ⅰ-5；尾鳍13；侧线孔19；鳃耙3+9。

【可量性状】体长为体高的2.8~3.2倍，为头长的2.5~3.0倍；头长为吻长的2.5~3.0倍，为眼径的3.8~4.5倍，为眼间距的4.5倍；尾柄长为尾柄高的1.1倍。

【形态特征】体延长，前部粗大，后部侧扁。头大。颅骨很粗糙，密具粒状或线状突起。眼中大，上侧位，上缘具小皮质状突起数条。口大，前位，斜裂。下颌突出。体光滑无鳞。侧线上侧位。背鳍和臀鳍连于尾鳍基。胸鳍中大，下侧位，伸达背鳍第一鳍条下方，下方具一指状游离鳍条，不伸达腹鳍后端。体呈暗红色，腹面白色，背侧具数条不规则褐色斜纹，体中侧具2条褐色纵纹。背鳍各棘鳍膜上端黑色，鳍条部前上方具一大黑斑。胸鳍、腹鳍及臀鳍均为灰黑色；尾鳍灰色，具3条暗色横纹（图57）。

【分布范围】印度-太平洋西部区、印度-太平洋中部区和太平洋北部温带区；北至日本、韩国海域，南至毛里求斯海域，西至东非沿岸海域，东至新喀里多尼亚海域，波斯湾、红海亦有分布；我国分布于渤海、黄海、东海、南海。

【生态习性】热带种，海洋种，底层种类。栖息于近岸水域，大陆架软底基质海域。可以利用胸鳍的游离鳍条在海底爬行。常埋藏身体伪装，以小型鱼类与甲壳动物为食。背鳍鳍棘下具毒腺。

【渔业利用】小型鱼类，偶有人食用，经济价值不高。

【群体特征】见表57。

表57 单指虎鲉群体特征

群体特征	春季	夏季	秋季	冬季
体长（mm）	—	—	70	—
全长（mm）	—	—	89	—
体重（g）	—	—	13.7	—
资源量	—	—	+	—

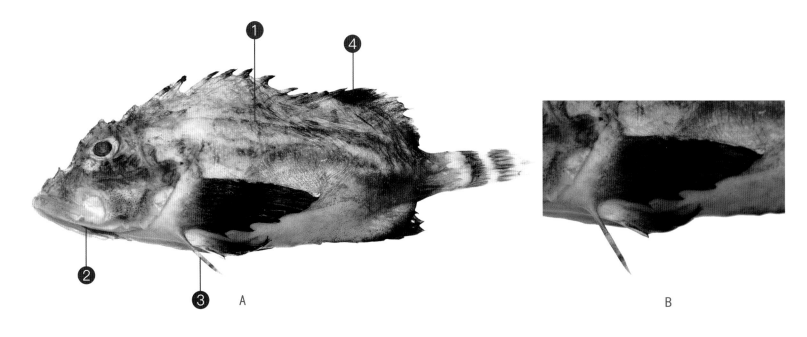

图57 单指虎鲉
A. 标本图　　B. 胸鳍

① 体光滑无鳞

② 鳃盖膜与峡部相连

③ 胸鳍前方具一游离鳍条

④ 背鳍鳍棘部较长，鳍条部前上方具一大黑斑

鲂鮄科 Triglidae

■ 绿鳍鱼属 *Chelidonichthys*

58. 绿鳍鱼 *Chelidonichthys kumu* (Cuvier, 1829)

【英 文 名】bluefin gurnard, red gurnard, searobin。

【俗　　名】大头角盖丝文、蜻蜓角、观音娘角、角鱼。

【分类地位】辐鳍鱼纲 Actinopterygii，鲉形目 Scorpaeniformes，鲂鮄科 Triglidae，绿鳍鱼属 *Chelidonichthys*。

【同种异名】*Trigla kumu* Cuvier, 1829；*Trigla peronii* Cuvier, 1829。

【可数性状】背鳍Ⅸ，16；臀鳍15～16；胸鳍11-3；腹鳍Ⅰ-5；尾鳍20～24；侧线鳞70～80；鳃耙2+11～16。

【可量性状】体长为体高的4.5～5.0倍，为头长的2.7～3.4倍；头长为吻长的2.0～2.5倍，为眼径的4.5倍，为眼间距的6.0倍；尾柄长为尾柄高的2.0～2.2倍。

【形态特征】体延长，粗大略圆，向后渐细小，侧扁。头中大，近长方形，背面较窄，背面与侧面被骨板。眼间隔浅凹，略小于眼径。口中大，前腹位。体被小圆鳞，头部、胸部和腹部前方均无鳞。侧线斜直，稍上侧位，伸达尾鳍基。胸鳍长大，伸达臀鳍中部上方，下方具3指状游离鳍条，端部不伸达腹鳍末端。背侧红色，头部及背侧具蓝褐色网状斑纹。胸鳍外侧蓝灰色，内侧青黑色，其余各鳍灰红色。胸鳍具绿色斑点，第一背鳍后部近基底处具一暗色斑块，第二背鳍具两纵行暗色斑点（图58）。

【分布范围】43°S—34°N，15°E—154°W；印度-太平洋西部区、印度-太平洋中部区、印度-太平洋东部区和太平洋北部温带区；北至朝鲜海域，南至新西兰海域，西至东非沿岸海域，东至夏威夷群岛海域；我国分布于渤海、黄海、东海、南海。

【生态习性】亚热带种，海洋种、咸淡水种，底层种类。栖息于沙质底的河口与大陆架海域，有报道在河段中发现。可使用胸鳍游离鳍条在海底匍匐爬行。主要摄食虾类、软体动物和小鱼。

【渔业利用】拖网渔获物，具有一定的经济价值。

【群体特征】见表58。

表58　绿鳍鱼群体特征

群体特征	春季	夏季	秋季	冬季
体长（mm）	30～118	124	—	129～194
全长（mm）	37～144	156	—	158～238
体重（g）	0.5～29.6	32.9	—	32.64～133.4
资源量	++	+	—	+

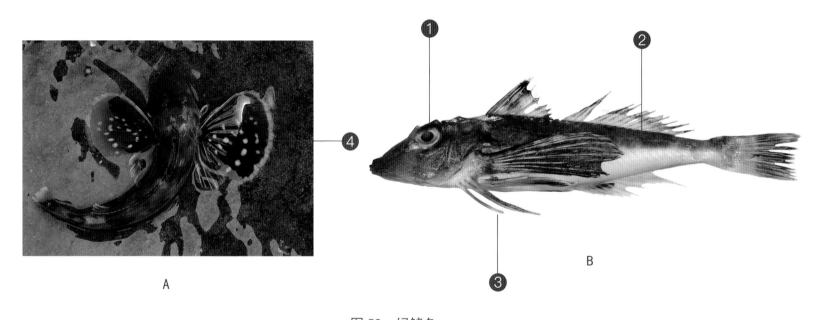

图58　绿鳍鱼
A. 活体图　B. 标本图

① 头部背、侧面被骨板

② 体被小圆鳞，侧线鳞70以上

③ 胸鳍下方具3指状游离鳍条

④ 活体时胸鳍外侧蓝灰色，内侧青黑色，具绿色斑点

鲬科 Platycephalidae

■ 棘线鲬属 *Grammoplites*

59. 横带棘线鲬 *Grammoplites scaber* (Linnaeus, 1758)

【英 文 名】rough flathead。

【俗　　名】横带牛尾鱼、牛尾、竹甲。

【分类地位】辐鳍鱼纲 Actinopterygii，鲉形目 Scorpaeniformes，鲬科 Platycephalidae，棘线鲬属 *Grammoplites*。

【同种异名】*Cottus scaber* Linnaeus, 1758；*Platycephalus neglectus* Trosche, 1840；*Platycephalus scaber* (Linnaeus, 1758)；*Thysanophrys scaber* (Linnaeus, 1758)。

【可数性状】背鳍Ⅸ，12；臀鳍12；胸鳍19；腹鳍Ⅰ-5；尾鳍18；侧线鳞50；鳃耙8+8。

【可量性状】体长为体高的12.0倍，为头长的3.3倍；头长为吻长的3.4倍，为眼径的5.0倍，为眼间距的11.0倍；尾柄长为尾柄高的2.0倍。

【形态特征】体平扁，延长，向后渐狭小。头平扁，尖长，背面不粗糙，棘棱明显，头侧有2纵棱，眶下棱等具棘突。眼略小，上侧位，虹膜略下凹。口中大，端位。上下颌、犁骨及腭骨均具绒毛齿群，犁骨齿群分离。前鳃盖骨具2棘，上棘尖长，基部具一小棘，鳃盖骨具2棘。体被栉鳞，中大，每一侧线鳞均具一强棘。体呈褐黄色，背侧具4条黑褐色宽大横纹（图59）。

【分布范围】印度-太平洋西部区、印度-太平洋中部区和太平洋北部温带区；北至中国海域，南至努沙登加拉群岛海域，红海、阿拉伯海亦有分布；中国分布于东海、南海。

【生态习性】热带种，海洋种、咸淡水种，底栖种类，两侧洄游种类。肉食性，以底栖鱼类或无脊椎动物为食。常利用体色隐藏，猎物经过时，跃起捕食。

【渔业利用】中小型鱼类，一般为拖网作业渔获物，具有一定的经济价值。

【群体特征】见表59。

表59 横带棘线鲬群体特征

群体特征	春季	夏季	秋季	冬季
体长（mm）	137～206	192	95～132	123
全长（mm）	154～232	216	111～151	141
体重（g）	16.2～74.3	54.1	5.7～13.6	13.1
资源量	+	+	+	+

图59 横带棘线鲬

❶ 腹鳍起点稍后于胸鳍起点

❷ 侧线鳞各具一强棘

❸ 体背侧具4条黑褐色宽大横纹

鲈形目 Perciformes

上颌骨一般不参加口裂边缘的组成。背鳍一般为2个，互相连接或分离，第一背鳍由鳍棘组成（有时埋于皮下或退化），第二背鳍由鳍条组成。腹鳍胸位（有时喉位），鳍条不多于6个。尾鳍分支鳍条一般不超过15个。腰骨通常直接连于匙骨上。头骨无眶蝶骨，具中筛骨。后颞骨常分叉。肩带无中喙骨。一般具上下肋骨。鳔无鳔管。

大眼鲷科 Priacanthidae

大眼鲷属 *Priacanthus*

60. 短尾大眼鲷 *Priacanthus macracanthus* Cuvier, 1829

【英　文　名】red bigeye, short-tailed bigeye, red bullseye。

【俗　　　名】严公仔、大眼鲷。

【分类地位】辐鳍鱼纲 Actinopterygii，鲈形目 Perciformes，大眼鲷科 Priacanthidae，大眼鲷属 *Priacanthus*。

【同种异名】*Priacanthus benmebari* Temminck & Schlegel, 1842；*Priacanthus junonis* De Vis, 1884；*Priacanthus marcracanthus* Cuvier, 1829。

【可数性状】背鳍 X-12~14；臀鳍 III-14；胸鳍17；腹鳍 I-5；尾鳍16；侧线鳞88~90；鳃耙4~5+19~20。

【可量性状】体长为体高的2.4~2.8倍，为头长的2.8~3.3倍，为尾柄长的5.2~5.6倍，为尾柄高的12.3~14.1倍；头长为吻长的2.8~4.5倍，为眼径的2.0~2.3倍，为眼间距的3.9~4.7倍；尾柄长为尾柄高的1.9~2.5倍。

【形态特征】体长椭圆形，侧扁，背缘和腹缘浅弧形，体以鳍棘中部处最高。眼巨大，上侧位。体被细栉鳞，鳞粗糙，不易脱落。侧线完全，上侧位，与背缘平行。背鳍1个，无缺刻，起点位于胸鳍基部上方。臀鳍与背鳍鳍条部同形，起点在第八背鳍棘下方，具3鳍棘，鳍棘边缘具细锯齿。胸鳍短小。腹鳍较大，伸达臀鳍起点。尾鳍浅凹形，上下叶不延长。全体呈红色，腹部浅色。各鳍浅红色。背鳍、臀鳍、腹鳍鳍膜间具棕黄色斑点，斑点有时消失（图60）。

【分布范围】22°S—32°N，77°E—175°E；印度-太平洋西部区、印度-太平洋中部区和太平洋北部温带区；北至俄罗斯南部海域，南至澳大利亚海域，西至印度海域和孟加拉湾，东至新喀里多尼亚海域；我国分布于东海、南海。

【生态习性】亚热带种，海洋种，岩礁种类，大洋洄游种类。栖息于近海和外海岩礁水域。肉食性，主要以甲壳类及小鱼等为食。

【渔业利用】高经济价值鱼种。

【群体特征】见表60。

表60 短尾大眼鲷群体特征

群体特征	春季	夏季	秋季	冬季
体长（mm）	—	66~98	—	—
全长（mm）	—	87~120	—	—
体重（g）	—	9.8~25.5	—	—
资源量	—	+	—	—

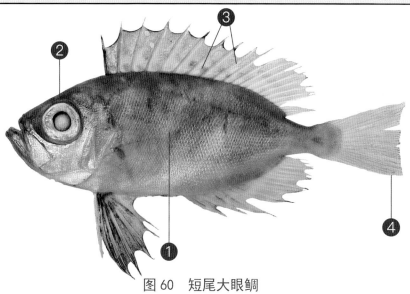

图60 短尾大眼鲷

① 体长椭圆形，侧扁，红色

② 眼大，几乎占头长的一半

③ 背鳍、臀鳍、腹鳍鳍膜具棕黄色斑点，有时消失

④ 尾鳍上、下叶无延长

天竺鲷科 Apogonidae

■ 银口天竺鲷属 *Jaydia*

61. 细条银口天竺鲷 *Jaydia lineata* (Temminck & Schlegel, 1842)

【英 文 名】Indian perch, cardinal fish。

【俗   名】大目侧仔。

【分类地位】辐鳍鱼纲 Actinopterygii, 鲈形目 Perciformes, 天竺鲷科 Apogonidae, 银口天竺鲷属 *Jaydia*。

【同种异名】*Apogonichthys lineatus* (Temminck & Schlegel, 1842)；*Cheliodipterus lineatus* (Temminck & Schlegel, 1842)。

【可数性状】背鳍Ⅶ，Ⅰ-9；臀鳍Ⅱ-8；胸鳍13；腹鳍Ⅰ-5；尾鳍17；侧线鳞25；鳃耙4～5+12～13。

【可量性状】体长为体高的2.6～3.0倍，为头长的2.7～3.0倍；头长为吻长的4.0～5.0倍，为眼径的3.0～3.4倍，为眼间距的3.2～3.7倍；尾柄长为尾柄高的1.4～1.6倍。

【形态特征】吻短。眼大，眼间隔约等于眼径。两颌齿绒毛带状，犁骨与颚骨亦具绒毛齿。体被弱栉鳞，鳞较大，易脱落。第一背鳍鳍棘细弱。尾鳍圆形。体侧有9～10条暗色横条纹，条纹宽小于条间隙（图61）。

【分布范围】印度-太平洋西部区、印度-太平洋中部区和太平洋北部温带区；北至日本、韩国海域，东至马达加斯加海域，马来西亚、菲律宾海域亦有分布；我国分布于渤海、黄海、东海、南海。

【生态习性】热带种，海洋种，底层种类。广泛栖息于泥沙底质沿岸至深水区海域。以多毛类和其他底栖无脊椎动物为食。雄性具口孵行为。

【渔业利用】无经济价值。

【群体特征】见表61。

表 61　细条银口天竺鲷群体特征

群体特征	春季	夏季	秋季	冬季
体长 (mm)	80	−	43 ~ 46	−
全长 (mm)	97	−	55 ~ 57	−
体重 (g)	15.0	−	1.8 ~ 2.5	−
资源量	+	−	+	−

图 61　细条银口天竺鲷

① 体呈长椭圆形，眼大，上侧位

② 鳃盖光滑无棘

③ 体侧具9 ~ 10条暗色横条纹

■ 鹦天竺鲷属 *Ostorhinchus*

62. 宽条鹦天竺鲷 *Ostorhinchus fasciatus* (White, 1790)

【英 文 名】two stripe cardinal, broadbanded cardinalfish。

【俗　　名】大面侧仔、四眼天竺鲷、四线天竺鲷、宽条天竺鲷。

【分类地位】辐鳍鱼纲 Actinopterygii, 鲈形目 Perciformes, 天竺鲷科 Apogonidae, 鹦天竺鲷属 *Ostorhinchus*。

【同种异名】*Mullus fasciatus* White, 1790；*Apogon quadrifasciatus* Cuvier, 1828；*Apogon monogramma* Günther, 1880；*Apogon evanidus* Fowler, 1904；*Amia elizabethae* Jordan & Seale, 1905。

【可数性状】背鳍Ⅶ，Ⅰ-9；臀鳍Ⅱ-8；胸鳍13；腹鳍Ⅰ-5；尾鳍17；侧线鳞24～27；鳃耙5～6+13～14。

【可量性状】体长为体高的2.8～3.0倍，为头长的2.6～3.0倍；头长为吻长的4.0～4.6倍，为眼径的2.9～3.2倍，为眼间距的4.2～4.8倍。

【形态特征】体呈长椭圆形。头大。吻短钝，吻长约等于眼间隔，小于眼径。眼上侧位，近吻端。口中大，前位，稍倾斜。上下颌约等长。上颌骨后端扩大，伸达眼后下方。侧线完全，上侧位，与背缘平。尾鳍浅凹形。体侧具2条灰褐色纵带。其中一条较细，自眼眶上方起至第二背鳍基底末端下方；另一条较粗，自吻端起经眼径直达尾鳍末端（图62）。

【分布范围】印度-太平洋西部区、印度-太平洋中部区和太平洋北部温带区；北至日本海域，南至澳大利亚海域，西至东非沿岸海域，东至斐济群岛海域；我国分布于东海、南海。

【生态习性】热带种，海洋种，底层种类，岩礁种类。常栖息于泥沙底质和岩礁性海域。常与海葵共同出现。

【渔业利用】无经济价值。

【群体特征】见表62。

表 62　宽条鹦天竺鲷群体特征

群体特征	春季	夏季	秋季	冬季
体长（mm）	—	—	38～48	—
全长（mm）	—	—	47～62	—
体重（g）	—	—	0.9～3.0	—
资源量	—	—	+	—

图 62　宽条鹦天竺鲷

① 体呈长椭圆形；眼大，上侧位

② 前鳃盖边缘具细锯齿

③ 体侧具2条灰褐色纵带

鳍科 Sillaginidae

■ 鳍属 *Sillago*

63. 多鳞鳍 *Sillago sihama* (Forsskål, 1775)

【英 文 名】silver Sillago, silver whiting, trumpeter whiting, sand whiting。

【俗　　名】梭子鱼、金梭鱼。

【分类地位】辐鳍鱼纲 Actinopterygii, 鲈形目 Perciformes, 鳍科 Sillaginidae, 鳍属 *Sillago*。

【同种异名】*Atherina sihama* Forsskål, 1775；*Platycephalus sihamus* (Forsskål, 1775)；*Sciaena malabarica* Bloch & Schneider, 1801；*Sillago acuta* Cuvier, 1816；*Sillago erythraea* Cuvier, 1829；*Sillago ihama* (Forsskål, 1775)。

【可数性状】背鳍XI～XII，Ⅰ-19～23；臀鳍Ⅱ-22～24；胸鳍15～17；腹鳍Ⅰ-5；尾鳍17；侧线鳞64～74；鳃耙3～4+7～9。

【可量性状】体长为体高的6.7～8.0倍，为头长的3.6～5.2倍，为尾柄长的9.0～11.9倍，为尾柄高的11.2～16.0倍；头长为吻长的1.1～2.2倍，为眼径的3.4～5.7倍，为眼间距的1.9～4.4倍；尾柄长为尾柄高的0.7～3.2倍。

【形态特征】体细长，稍侧扁，圆柱状，背缘和腹缘弧形，体以第一背鳍起点处为最高；尾柄短，侧扁。头较长，腹面宽平，端部钝尖。口较小，前位，稍倾斜。上颌稍长于下颌。前鳃盖后缘具细弱锯齿。鳃盖后上方具一弱棘。体被薄弱栉鳞。侧线完全，几呈直线状。侧线与第一背鳍起点间具鳞5～6行（图63）。

【分布范围】36°S—41°N, 20°—166°E；印度-太平洋西部区、印度-太平洋中部区和太平洋北部温带区；北至日本、朝鲜海域，南至澳大利亚海域，西至东非沿岸海域，东至巴布亚新几内亚海域，红海、波斯湾、阿曼湾亦有分布；我国分布于渤海、黄海、东海、南海。

【生态习性】热带种，海洋种、咸淡水种，岩礁种类，两侧洄游种类。主要栖息于泥沙底质的沿岸沙滩、河口红树林区或内湾水域（甚至淡水水域）。主要摄食多毛类、长尾类、端足类、糠虾类等。受惊吓时可将身体埋于沙中。

【渔业利用】小型种类，但具有较高经济价值，市场常见种类。

【群体特征】见表63。

表 63　多鳞鱚群体特征

群体特征	春季	夏季	秋季	冬季
体长（mm）	85～212	52～186	160～164	54～194
全长（mm）	99～244	60～215	182～193	62～221
体重（g）	6.6～109.5	1.4～63.4	35.9～38.7	1.4～64.0
资源量	+	+	+	+

图 63　多鳞鱚

1. 体呈长梭形，棕黄色，被弱薄栉鳞
2. 前鳃盖后缘具细弱锯齿
3. 第一背鳍鳍棘11～12
4. 侧线与第一背鳍起点间具鳞5～6行

鲹科 Carangidae

■ 圆鲹属 *Decapterus*

64. 蓝圆鲹 *Decapterus maruadsi* (Temminck & Schlegel, 1843)

【英 文 名】round scad, whitetip scad, deep-bodied round scad, Japanese scad, mackerel scad。

【俗　　名】巴浪、池鱼、鲲咕、红背圆鲹、广仔。

【分类地位】辐鳍鱼纲 Actinopterygii, 鲈形目 Perciformes, 鲹科 Carangidae, 圆鲹属 *Decapterus*。

【同种异名】*Caranx maruadsi* Temminck & Schlegel, 1843；*Caranx scombrinus* (non Valenciennes, 1846)；*Decapterus scombrinus* (non Valenciennes, 1846)。

【可数性状】背鳍Ⅶ，Ⅰ-30~33，1；臀鳍Ⅱ，Ⅰ-26~29；胸鳍20~23；腹鳍Ⅰ-5；尾鳍17；侧线鳞49~61，棱鳞32~38；鳃耙11~15+34~38。

【可量性状】体长为体高的3.9~4.6倍，为头长的3.7~4.2倍；头长为吻长的2.8~3.2倍，为眼径的3.6~4.5倍；尾柄长为尾柄高的1.5倍。

【形态特征】体呈纺锤形，稍侧扁，尾柄宽大于尾柄高。头侧扁而小。吻钝尖。脂眼睑发达。口小，前位，斜裂。侧线前部广弧形，直线部始于第二背鳍第十一至第十三鳍条下方，弯曲部等于或稍长于直线部。棱鳞存在于侧线直线部的全部。臀鳍与第二背鳍同形，前方有2游离短棘，第二背鳍与臀鳍后方各有一小鳍。背部蓝灰色，腹部银色。鳃盖后上角与肩带部共同具一半月形小黑斑（图64）。

【分布范围】26°S—39°N，91°E—174°W；印度-太平洋中部区、印度-太平洋东部区和太平洋北部温带区；北至日本、朝鲜海域，南至澳大利亚海域，西至越南海域，东至夏威夷群岛海域；我国分布于渤海、黄海、东海、南海。

【生态习性】热带种，海洋种，岩礁种类，中上层种类。幼鱼喜阴影，弱趋光性。主要以小型甲壳类和鱼类为食。

【渔业利用】产量很高，重要经济鱼类。

【群体特征】见表64。

表64 蓝圆鲹群体特征

群体特征	春季	夏季	秋季	冬季
体长（mm）	—	89～140	—	—
全长（mm）	—	108～163	—	—
体重（g）	—	10.2～48.3	—	—
资源量	—	++	—	—

图64 蓝圆鲹

① 体呈纺锤形，背部蓝灰色，腹部银色

② 侧线直线部全部具棱鳞

③ 第二背鳍和臀鳍后方各有一小鳍

④ 鳃盖后上角与肩带部共同具一半月形小黑斑

■ 副叶鲹属 *Alepes*

65. 及达副叶鲹 *Alepes djedaba* (Forsskål, 1775)

【英 文 名】yellowtail scad, shrimp scad, shrimp caranx, slender yellowtail kingfish, banded scad。

【俗　　名】及达叶鲹、吉打鲹、甘仔鱼。

【分类地位】辐鳍鱼纲 Actinopterygii，鲈形目 Perciformes，鲹科 Carangidae，副叶鲹属 *Alepes*。

【同种异名】*Atule djedaba* (Forsskål, 1775)；*Atule kalla* (Cuvier, 1833)；*Caranx djedaba* (Forsskål, 1775)；*Caranx kalla* Cuvier, 1833；*Caranx microbrachium* Fowler, 1934；*Scomber djedaba* Forsskål, 1775；*Selar djedaba* (Forsskål, 1775)。

【可数性状】背鳍Ⅰ，Ⅷ，Ⅰ-23～24；臀鳍Ⅱ，Ⅰ-19～20；胸鳍20～21；腹鳍Ⅰ-5；尾鳍17；侧线鳞40～43，棱鳞36～39；鳃耙11～12+29～30。

【可量性状】体长为体高的2.5～2.7倍，为头长的4.0～4.2倍，为尾柄长的8.7～9.9倍，为尾柄高的17.9～21.4倍；头长为吻长的3.3～3.7倍，为眼径的3.1～3.5倍，为眼间距的3倍；尾柄长为尾柄高的1.8～2.5倍。

【形态特征】体呈卵圆形，侧扁而高。头小，侧扁。吻短于眼径。眼中大，脂眼睑稍发达。口小，前位，斜裂。体被小圆鳞。侧线上侧位，沿背缘向后延伸，前部弯曲度大，直线部始于第二背鳍第七鳍条的下方。棱鳞存在于直线部的全部。第一背鳍基底短，具一埋于皮下的向前平卧棘。臀鳍与第二背鳍同形，前方有两个游离短棘。尾鳍深叉形，上叶长于下叶。体背深蓝色带黄色，腹部银色带淡红色。鳃盖后上角与肩部共具一显著的黑色大圆斑。各鳍淡棕黄色（图65）。

【分布范围】37°S—46°N, 19°E—138°W；印度-太平洋西部区、印度-太平洋中部区、印度-太平洋中部区和太平洋北部温带区；北至日本海域，南至澳大利亚海域，西至东非沿岸海域，东至托克劳群岛海域，红海、波斯湾、阿拉伯海均有分布；我国分布于东海、南海。

【生态习性】亚热带种，海洋种，岩礁种类，中上层种类，两侧洄游种类。成鱼常在近海集群，主要以小型甲壳类和小型鱼类为食。

【渔业利用】食用价值较高，产量一般，经济价值一般。

【群体特征】见表65。

表 65 及达副叶鲹群体特征

群体特征	春季	夏季	秋季	冬季
体长（mm）	—	74~125	—	—
全长（mm）	—	93~156	—	—
体重（g）	—	7.0~47.2	—	—
资源量	—	+	—	—

图 65 及达副叶鲹

❶ 鳃盖后上角与肩部共具一黑色大圆斑

❷ 侧线直线部全部具棱鳞

❸ 体呈卵圆形，侧扁，活体体背侧线上方具8~9条灰金色横带

■ 竹筴鱼属 *Trachurus*

66. 日本竹筴鱼 *Trachurus japonicus* (Temminck & Schlegel, 1844)

【英 文 名】horse mackerel, jack mackerel, Japanese scad。

【俗　　名】刺公、山鲐鱼、巴浪、池鱼、池鱼姑、真鲹。

【分类地位】辐鳍鱼纲 Actinopterygii, 鲈形目 Perciformes, 鲹科 Carangidae, 竹筴鱼属 *Trachurus*。

【同种异名】*Caranx trachurus japonicus* Temminck & Schlegel, 1844；*Trachurus argenteus* Wakiya, 1924。

【可数性状】背鳍Ⅰ，Ⅷ，Ⅰ-30~32；臀鳍Ⅱ，Ⅰ-26~29；胸鳍20~21；腹鳍Ⅰ-5；尾鳍17；侧线鳞68~73；鳃耙13~16+36~40。

【可量性状】体长为体高的3.6~4.3倍，为头长的3.8~4.2倍；头长为吻长的3.1~3.8倍，为眼径的3.2~3.8倍；尾柄长为尾柄高的1.1~1.2倍。

【形态特征】体呈纺锤形，侧扁，尾柄细短，宽大于高。头中大。吻锥形。眼大。脂眼睑发达，遮盖眼的前缘和后部。口大，前位，口裂倾斜。侧线上侧位，沿背缘向后延伸，在第二背鳍起点处下方作弧形下弯，沿体侧中部伸达尾鳍基。侧线上全被棱鳞，在直线部呈一明显的隆起脊。背鳍2个，第一背鳍具一倒棘，第二背鳍基底长，前部稍突出，与臀鳍同形，起点在臀鳍起点前上方。臀鳍前方具两个游离短棘。尾鳍分叉。背部黄色微带绿色，腹部银白色。鳃盖后上缘具一明显黑斑。各鳍草绿色（图66）。

【分布范围】印度-太平洋中部区和太平洋北部温带区；北至朝鲜海域，南至越南海域，东至小笠原诸岛海域；我国分布于渤海、黄海、东海、南海。

【生态习性】热带种，海洋种，中上层种类，大洋洄游种类。成鱼常栖息于大陆架海域。具有昼夜垂直移动行为。主要以小型甲壳类及鱼类为食。

【渔业利用】常见经济性种类，产量较高。

【群体特征】见表66。

表 66　日本竹筴鱼群体特征

群体特征	春季	夏季	秋季	冬季
体长（mm）	38 ~ 72	—	—	—
全长（mm）	49 ~ 90	—	—	—
体重（g）	1.1 ~ 7.0	—	—	—
资源量	+++	—	—	—

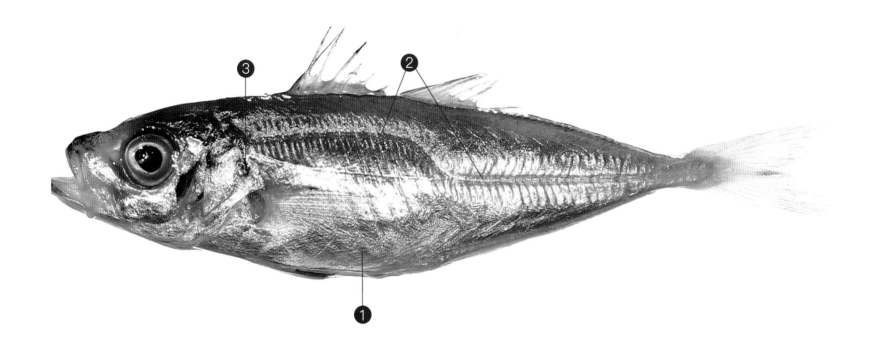

图 66　日本竹筴鱼

❶ 体呈纺锤形，侧扁，背部黄色微绿，腹部银白色

❷ 侧线全部具棱鳞

❸ 鳃盖后上缘具一黑斑

鲾科 Leiognathidae

■ 项鲾属 *Nuchequula*

67. 颈斑项鲾 *Nuchequula nuchalis* (Temminck & Schlegel, 1845)

【英 文 名】silver ponyfish, pony fish。

【俗　　名】金钱仔、颈斑鲾。

【分类地位】辐鳍鱼纲 Actinopterygii，鲈形目 Perciformes，鲾科 Leiognathidae，项鲾属 *Nuchequula*。

【同种异名】*Equula nuchalis* Temminck & Schlegel, 1845；*Leiognathus nuchalis* (Temminck & Schlegel, 1845)。

【可数性状】背鳍Ⅷ-16；臀鳍Ⅲ-14；胸鳍17；腹鳍Ⅰ-5；尾鳍17；鳃耙5+15～17。

【可量性状】体长为体高的2.1倍，为头长的3.5倍，为尾柄长的10.6倍，为尾柄高的15.0倍；头长为吻长的2.3倍，为眼径的3.2倍，为眼间距的2.8倍；尾柄长为尾柄高的1.4倍。

【形态特征】体呈长椭圆形，甚侧扁。吻钝尖，稍长于或等于眼径。眼中大，略等于眼间隔。脂眼睑不发达。口小，水平状，口裂开于眼下缘的水平线上。上下颌向前伸出时形成下斜口管。口闭时下颌约成45°角。头部与胸部无鳞，体被小圆鳞。侧线完全，上侧位，与背缘平行，并延伸至尾鳍基部。背鳍第二硬棘不为丝状延长，后头部有一暗褐色斑块，背鳍硬棘上半部有一黑斑（图67）。

【分布范围】印度-太平洋中部区和太平洋北部温带区；北至日本、韩国海域，南至新喀里多尼亚海域；我国分布于渤海、黄海、东海、南海。

【生态习性】温水种，海洋种、咸淡水种，上层种类，大洋洄游种类。主要栖息于沙泥底质的沿岸及河口区域，甚至可进入河流下游河段。肉食性，以小型浮游甲壳类、多毛类及小鱼为食。

【渔业利用】具有较高食用价值，鱼市常见种类。虽个体较小，但具有一定经济价值。

【群体特征】见表67。

表 67 颈斑项鲾群体特征

群体特征	春季	夏季	秋季	冬季
体长（mm）	73～87	—	—	60～69
全长（mm）	91～99	—	—	79～91
体重（g）	7.8～15.7	—	—	6.1～8.8
资源量	+	—	—	+

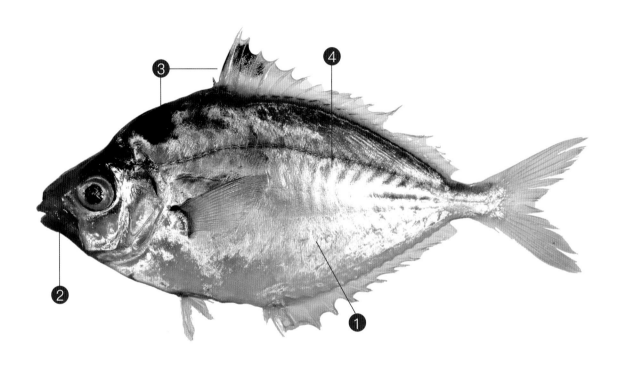

图 67 颈斑项鲾

❶ 体呈长椭圆形，甚侧扁

❷ 口闭合时，下颌约成45°斜角

❸ 后头部有一暗褐色斑块，背鳍硬棘上半部有一黑斑

❹ 眼上缘至尾鳍基具一黄色纵带

■ 马鲾属 *Equulites*

68. 条马鲾 *Equulites rivulatus* (Temminck & Schlegel, 1845)

【英 文 名】offshore ponyfish。

【俗　　名】金钱仔、叶仔。

【分类地位】辐鳍鱼纲 Actinopterygii，鲈形目 Perciformes，鲾科 Leiognathidae，马鲾属 *Equulites*。

【同种异名】*Equula rivulata* Temminck & Schlegel, 1845；*Leiognathus rivulatus* (Temminck & Schlegel, 1845)；*Photoplagios rivulatus* (Temminck & Schlegel, 1845)。

【可数性状】背鳍Ⅷ-16；臀鳍Ⅱ-14；胸鳍17；腹鳍Ⅰ-5；尾鳍17；鳃耙5～6+16～17。

【可量性状】体长为体高的2.1～2.4倍，为头长的3.1～3.3倍；头长为吻长的2.7～2.8倍，为眼径的2.7～3.5倍；尾柄长为尾柄高的1.4～1.5倍。

【形态特征】体呈长椭圆形，甚侧扁，背缘和腹缘弧形隆起。头部背缘稍凹。吻钝尖，稍长于或等于眼径。眼中大，略等于眼间隔。脂眼睑不发达。口小，水平状，口裂开于眼下缘的水平线上。上下颌向前伸出时形成下斜的口管。口闭时下颌成45°角。侧线完全，上侧位，与背缘平行，并延伸至尾鳍基部。体浅银蓝色。背部散布暗色细横纹，吻上部具黑斑，项部具一蓝色鞍状斑（图68）。

【分布范围】印度-太平洋中部区和太平洋北部温带区；北至日本、韩国海域，南至新喀里多尼亚海域；我国分布于渤海、黄海、东海、南海。

【生态习性】温水种，海洋种，上层种类。栖息于沿岸海域，可进入河口区域。主要摄食小型浮游生物。

【渔业利用】小型鱼类，数量较少，经济价值不高。

【群体特征】见表68。

表 68　条马鲾群体特征

群体特征	春季	夏季	秋季	冬季
体长（mm）	—	—	75	—
全长（mm）	—	—	92	—
体重（g）	—	—	9.9	—
资源量	—	—	+	—

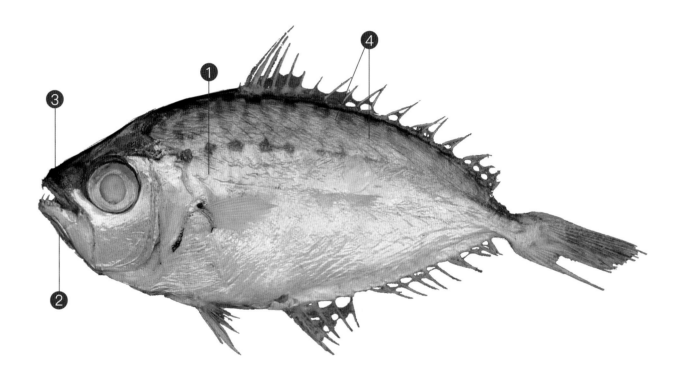

图 68　条马鲾

① 体呈长椭圆形，甚侧扁

② 口闭合时，下颌约成45°角

③ 吻上部具黑斑

④ 体背散布暗色细横纹

■ 仰口鲾属 *Secutor*

69. 鹿斑仰口鲾 *Secutor ruconius* (Hamilton, 1822)

【英 文 名】tooth-pony, deepbody ponyfish, pugnose ponyfish, silver belly。

【俗　　名】树叶仔、榕叶仔、花令仔、金钱仔、铜窝盘。

【分类地位】辐鳍鱼纲 Actinopterygii, 鲈形目 Perciformes, 鲾科 Leiognathidae, 仰口鲾属 *Secutor*。

【同种异名】*Chanda ruconius* Hamilton, 1822；*Equula ruconia* (Hamilton, 1822)；*Equula ruconius* (Hamilton, 1822)；*Leiognathus ruconius* (Hamilton, 1822)。

【可数性状】背鳍Ⅷ-15～16；臀鳍Ⅲ-14；胸鳍18；腹鳍Ⅰ-5；尾鳍17；鳃耙3～4+15～16。

【可量性状】体长为体高的1.7～2.1倍，为头长的2.8～3.5倍，为尾柄长的10.8～14.0倍，为尾柄高的11.3～15.7倍；头长为吻长的1.4～3.3倍，为眼径的2.6～4.6倍，为眼间距的2.9～4.1倍；尾柄长为尾柄高的0.5～1.4倍。

【形态特征】体呈卵圆形，甚侧扁而高，背缘和腹缘呈弧形隆起。头中大，头部背缘较凹。吻短于眼径。眼稍大于眼间隔。脂眼睑不发达。口小，倾斜，几呈垂直状。口裂开于眼上缘的水平线上。上下颌向前伸出时形成上斜的口管。上侧线不完全，末端一般止于背鳍基后端。体背暗银色，腹部银白色。眼下缘至上颌后缘具一黑纹，左右两侧的黑纹交汇于颏部。背部具8～10条暗色较宽横带，项部和背鳍基底各具一暗色纵纹（图69）。

【分布范围】印度-太平洋西部区、印度-太平洋中部区和太平洋北部温带区；北至中国海域，南至澳大利亚海域，西至东非沿岸海域和马达加斯加海域，东至瓦努阿图海域；中国分布于东海、南海。

【生态习性】热带种，咸淡水种、广盐种，上层种类，两侧洄游种类。常栖息于沿岸水域，可进入河口及河流下游河段。肉食性，以小型浮游甲壳类为食。

【渔业利用】具有较高食用价值，但因个体较小，经济价值不高。常用作养殖其他种类的饵料。

【群体特征】见表69。

表69 鹿斑仰口鲾群体特征

群体特征	春季	夏季	秋季	冬季
体长（mm）	35～72	25～75	38～73	37～54
全长（mm）	43～86	72～91	50～94	50～71
体重（g）	1.4～10.1	0.5～11.6	2.0～15.2	1.6～9.2
资源量	++	++	++	+

图69 鹿斑仰口鲾
A. 标本图（上、下颌伸出）　　B. 标本图（口闭合）

1. 体呈卵圆形，甚侧扁
2. 口闭合时，下颌几乎垂直
3. 上下颌伸出时，口管微向上斜
4. 体背暗银色，横带较宽而少

石鲈科 Haemulidae

■ 髭鲷属 *Hapalogenys*

70. 华髭鲷 *Hapalogenys analis* Richardson, 1845

【英 文 名】sweetlips, broadbanded velvetchin。

【俗　　名】拍铁鲈、来教、石飞鱼、横带髭鲷。

【分类地位】辐鳍鱼纲 Actinopterygii, 鲈形目 Perciformes, 石鲈科 Haemulidae, 髭鲷属 *Hapalogenys*。

【同种异名】*Hapalogenys mucronatus* (Eydoux and Souleyet, 1850) ; *Hepalogenys mucronatus* (Eydoux & Souleyet, 1850) ; *Hepalogenys mucronutus* (Eydoux & Souleyet, 1850) ; *Pristipoma mucronata* Eydoux & Souleyet, 1850。

【可数性状】背鳍Ⅰ，Ⅺ-16～17；臀鳍Ⅲ-8～10；胸鳍17～19；腹鳍Ⅰ-5；尾鳍17；侧线鳞43～49；鳃耙6～7+12～14。

【可量性状】体长为体高的1.8～2.0倍，为头长的2.5～2.7倍；头长为吻长的2.4～2.6倍，为眼径的2.8～3.8倍；尾柄长为尾柄高的1.0～1.2倍。

【形态特征】体呈椭圆形，高而侧扁，背缘深弧形隆起，腹面圆钝；体以背鳍起点处最高，自吻端至第一背鳍起点前甚高陡。头中大，头腹面宽而平直。侧线完全，与背缘平行。背鳍一个，前方具一向前平卧棘。体背部灰褐色，腹部淡色。体侧具7条棕黑色横带，分布在吻端、眼部、平卧棘下、背鳍第四至第七鳍棘下、背鳍最末3枚鳍棘下、背鳍鳍条下、尾柄上。背鳍、臀鳍、尾鳍淡黄色，有深黑色边缘，背鳍和臀鳍间膜黑色。胸鳍浅黄色，腹鳍灰褐色（图70）。

【分布范围】印度－太平洋中部区和太平洋北部温带区；中国、日本、韩国、越南海域；中国分布于渤海、黄海、东海、南海。

【生态习性】热带种，海洋种，中下层种类。主要栖息于岩礁区或沙泥底质海区。肉食性，主要以底栖的甲壳类、鱼类及贝类等为食。

【渔业利用】食用价值较高，产量较低，经济价值较高。

【群体特征】见表70。

表 70　华髭鲷群体特征

群体特征	春季	夏季	秋季	冬季
体长（mm）	−	48	−	−
全长（mm）	−	62	−	−
体重（g）	−	3.8	−	−
资源量	−	+	−	−

图 70　华髭鲷

① 体呈椭圆形，侧扁

② 背鳍1个，连续，具11鳍棘，第三鳍棘最长；背鳍前端有一向前倒棘

③ 臀鳍第二鳍棘强大

④ 体侧具7条较宽的棕黑色横带

71. 黑鳍髭鲷 *Hapalogenys nigripinnis* (Temminck & Schlegel, 1843)

【英 文 名】skewband grunt, short barbeled grunter, black grunt。

【俗   名】打铁鱼、乌过、铜盘鱼、斜带髭鲷。

【分类地位】辐鳍鱼纲 Actinopterygii，鲈形目 Perciformes，石鲈科 Haemulidae，髭鲷属 *Hapalogenys*。

【同种异名】*Hapalogenys aculeatus* Nyström, 1887；*Hapalogenys guentheri* Matsubara, 1933；*Hapalogenys nitens* Richardson, 1844；*Hepalogenys nigripinnis* (Temminck & Schlegel, 1843)；*Pogonias nigripinnis* Temminck & Schlegel, 1843。

【可数性状】背鳍Ⅰ，Ⅺ-14～16；臀鳍Ⅱ-9～10；胸鳍17～19；腹鳍Ⅰ-5；尾鳍17；侧线鳞57～64；鳃耙5～6+11～14。

【可量性状】体长为体高的2.0～2.1倍，为头长的2.5～2.7倍；头长为吻长的2.3～3.0倍，为眼径的3.2～5.3倍；尾柄长为尾柄高的1.0～1.3倍。

【形态特征】体侧扁而高，背部隆起。眼大。尾鳍圆形，略透明。体长椭圆形，高而侧扁，头部背缘几乎呈直线状；眼间隔略阔而突起。鼻孔每侧2个，椭圆形。颏部有一簇痕迹状的小髭；颏孔4对。两颌齿小、呈绒毛状，无犬齿状齿。上颌骨具小鳞。背鳍前端有一向前倒棘，第三至第五鳍棘的长度基本相同。臀鳍以第二鳍棘最粗壮，为头长的1/4～1/3。腹鳍末端不伸达肛门。尾鳍后缘圆形。体黑褐色，有时会转变为浅灰色。体侧具3条黑色斜带。各鳍灰褐色，边缘不呈黑色（图71）。

【分布范围】印度–太平洋中部区和太平洋北部温带区；中国、日本、朝鲜、韩国海域均有分布；中国分布于渤海、黄海、东海、南海。

【生态习性】温水种，海洋种、咸淡水种，底层种类。栖息于岩礁水域及河口水域。肉食性，主要以底栖的甲壳类、鱼类及贝类等为食。白天躲藏在洞穴中，夜间出外捕食。

【渔业利用】食用价值较高鱼类，产量较低，经济价值较高。

【群体特征】见表71。

表 71　黑鳍髭鲷群体特征

群体特征	春季	夏季	秋季	冬季
体长（mm）	65	—	—	—
全长（mm）	82	—	—	—
体重（g）	11.0	—	—	—
资源量	+	—	—	—

图 71　黑鳍髭鲷

❶　体呈椭圆形，侧扁

❷　背鳍1个，连续，具11鳍棘，第四鳍棘最长；背鳍前端有一向前倒棘

❸　臀鳍第二鳍棘最粗壮，但比华髭鲷臀鳍第二鳍棘细小

❹　体侧具3条较宽黑色斜带

鲷科 Sparidae

■ 犁齿鲷属 *Evynnis*

72. 二长棘犁齿鲷 *Evynnis cardinalis* (Lacepède, 1802)

【英 文 名】threadfin porgy, cardinal seabream。

【俗　　名】鲛鱼、板鱼、盘仔鱼、盘鱼、立花、赤鬃。

【分类地位】辐鳍鱼纲 Actinopterygii, 鲈形目 Perciformes, 鲷科 Sparidae, 犁齿鲷属 *Evynnis*。

【同种异名】*Sparus cardinalis* Lacepède, 1802。

【可数性状】背鳍XII-10；臀鳍III-9；胸鳍15；腹鳍 I -5；尾鳍17；侧线鳞57～64；鳃耙8+10；幽门窗囊4；椎骨10+14。

【可量性状】体长为体高的2.1倍，为头长的3.5倍，为尾柄长的6.7倍，为尾柄高的8.7倍；头长为吻长的3.3倍，为眼径的2.3倍，为眼间距的2.6倍；尾柄长为尾柄高的1.3倍。

【形态特征】体呈椭圆形，侧扁，背面狭窄，背缘深弧形，腹面圆钝，近于平直。头中大，前端钝。眼中大，上侧位。上下颌约等长。上颌前端具犬牙4枚，下颌前端具犬牙6枚。体被中大弱栉鳞。背鳍1个，连续，鳞棘部与鳍条部中间无缺刻，起点在胸鳍基部前上方，第一、第二鳍甚短小，第三、第四鳍棘呈丝状延长（有时第三至第五鳍棘延长），各鳍棘平卧时可左右交错折叠于鳞鞘沟中。体红色，腹部色浅，体侧具若干蓝白色纵带（图72）。

【分布范围】10°—35°N, 105°—135°E；印度－太平洋中部区和太平洋北部温带区；北至日本、韩国海域，南至菲律宾海域；我国分布于东海、南海。

【生态习性】亚热带种，咸淡水种类，底层种类。常栖息于沙泥底质大陆架海域。肉食性，主要以小鱼、小虾或软体动物为食。会随着季节的改变而迁移洄游，通常大鱼在较深海域。

【渔业利用】经济价值较高种类，是底拖网捕获重要种类之一。

【群体特征】见表72。

表 72　二长棘犁齿鲷群体特征

群体特征	春季	夏季	秋季	冬季
体长（mm）	30～61	45～81	—	—
全长（mm）	39～75	60～102	—	—
体重（g）	0.7～8.2	3.7～22.8	—	—
资源量	++	+	—	—

图 72　二长棘犁齿鲷

① 体呈椭圆形，侧扁，红色，被中大弱栉鳞，具若干蓝白色纵带

② 背鳍第三、第四鳍棘呈丝状延长

■ 平鲷属 *Rhabdosargus*

73. 平鲷 *Rhabdosargus sarba* (Forsskål, 1775)

【英 文 名】stumpnose bream, goldlined seabream, silver sea bream, tarwhine。

【俗　　名】炎头鱼、元头鲅、平头、胖头、香头。

【分类地位】辐鳍鱼纲 Actinopterygii, 鲈形目 Perciformes, 鲷科 Sparidae, 平鲷属 *Rhabdosargus*。

【同种异名】*Austrosparus sarba* (Forsskål, 1775)；*Chrysophrys aries* Temminck & Schlegel, 1843；*Chrysophrys chrysargyra* Valenciennes, 1830；*Chrysophrys natalensis* Castelnau, 1861；*Chrysophrys sarba* (Forsskål, 1775)；*Diplodus auriventris* (Peters, 1855)。

【可数性状】背鳍 XI-13；臀鳍 III-10~11；胸鳍15；腹鳍 I-5；尾鳍17；侧线鳞60~67；鳃耙4~6+9；幽门盲囊4；椎骨10+14。

【可量性状】体长为体高的2.1~2.2倍，为头长的3.4~3.5倍，为尾柄长的8.6~8.7倍，为尾柄高的8.3~8.8倍；头长为吻长的3.3~3.5倍，为眼径的3.0~3.1倍，为眼间距的2.2~3.1倍；尾柄长为尾柄高的1.0~1.6倍。

【形态特征】体呈椭圆形，侧扁，背面狭窄，深弧形，腹面圆钝，近于平直。头大。吻钝。眼中大，上侧位。上颌前端具门牙6枚，下颌前端具门牙6枚。前鳃盖骨后缘光滑，鳃盖骨后缘具一扁平钝棘。体被中大薄圆鳞，后头部、鳃盖部（除前鳃盖外）及颊部均被鳞，颊部具鳞4行。体背部常灰色，腹部颜色较淡；体侧具若干纵行暗色带，侧线起点处有数枚鳞片边缘黑色，形成一黑斑；背鳍及尾鳍灰黑色，臀鳍、腹鳍黄色（图73）。

【分布范围】38°S—36°N, 19°—155°E；印度-太平洋西部区、印度-太平洋中部区和太平洋北部温带区；北至日本、韩国海域，南至澳大利亚海域，西至东非沿岸海域和阿拉伯海，东至所罗门群岛海域，红海、波斯湾、阿曼湾亦有分布；我国分布于渤海、黄海、东海、南海。

【生态习性】热带种，海洋种、咸淡水种，岩礁种类，大洋洄游种类。栖息于近岸岩礁性水域，经常进入河口。幼鱼生活于河口域，随着生长逐渐向深处移动。以无脊椎动物特别是软体动物为食。

【渔业利用】鲷科鱼类中经济价值较低的种类。

【群体特征】见表73。

表 73　平鲷群体特征

群体特征	春季	夏季	秋季	冬季
体长（mm）	-	96～194	-	-
全长（mm）	-	123～258	-	-
体重（g）	-	31.5～292.0	-	-
资源量	-	+	-	-

图 73　平鲷

① 体呈椭圆形，侧扁，被中大薄圆鳞，具若干纵行暗色带

② 头圆钝，两颌前端具门牙

③ 侧线起点处数枚鳞片边缘黑色，形成一黑斑

④ 背鳍、尾鳍灰黑色，腹鳍、臀鳍黄色

马鲅科 Polynemidae

■ 四指马鲅属 *Eleutheronema*

74. 四指马鲅 *Eleutheronema tetradactylum* (Shaw, 1804)

【英 文 名】fourfinger threadfin, four tasselfish。

【俗　　名】午仔、大午、竹午。

【分类地位】辐鳍鱼纲 Actinopterygii, 鲈形目 Perciformes, 马鲅科 Polynemidae, 四指马鲅属 *Eleutheronema*。

【同种异名】*Polynemus coecus* Macleay, 1878；*Polynemus teria* Hamilton, 1822；*Polynemus tetradactylus* Shaw, 1804。

【可数性状】背鳍Ⅶ，Ⅰ-14~15；臀鳍Ⅲ-14~15；胸鳍18+4；腹鳍Ⅰ-5；尾鳍18~21；侧线鳞84~94；鳃耙5~6+6~9。

【可量性状】体长为体高的3.9~4.4倍，为头长的3.4~3.6倍；头长为吻长的7.4~9.0倍，为眼径的4.0~5.6倍，为眼间距的4.0倍。

【形态特征】脂眼睑发达，体延长，略侧扁。口大，下位，吻圆钝，上颌长于下颌，两颌牙细小呈绒毛状并延伸至颌的外侧，只在口角具唇。体被大而薄的栉鳞，体背部灰褐色，腹部乳白色。背鳍2个，间隔较大；胸鳍位低，下方有4条游离的丝状鳍条；尾鳍深叉形。背鳍、胸鳍和尾鳍均呈灰色、边缘浅黑色（图74）。

【分布范围】26°S—32°N，47°—154°E；印度-太平洋西部区、印度-太平洋中部区和太平洋北部温带区；北至韩国海域，南至澳大利亚海域，西至波斯湾、阿曼湾，东至新喀里多尼亚海域；我国分布于渤海、黄海、东海、南海。

【生态习性】热带种，广盐种，底层种类，两侧洄游种类。成年个体栖息于沿岸泥质底质海域，可上溯到河流之中。主要以对虾和鱼类为食。具有性别转换现象，雄性先成熟。

【渔业利用】经济价值较高，鱼市常见种类。人工繁殖技术已成功。

【群体特征】见表74。

表 74 四指马鲅群体特征

群体特征	春季	夏季	秋季	冬季
体长（mm）	—	—	152～174	—
全长（mm）	—	—	213～230	—
体重（g）	—	—	72.3～89.9	—
资源量	—	—	+	—

图 74 四指马鲅

❶ 胸鳍下方具4条游离的丝状鳍条

❷ 上下颌牙带伸至两颌外侧

❸ 脂眼睑发达，覆盖眼的全部

■ 多指马鲅属 *Polydactylus*

75. 黑斑多指马鲅 *Polydactylus sextarius* (Bloch & Schneider, 1801)

【英 文 名】blackspot threadfin, blackspot six-thread tasselfish。

【俗   名】午仔、黑斑马鲅、六丝马鲅鱼。

【分类地位】辐鳍鱼纲 Actinopterygii, 鲈形目 Perciformes, 马鲅科 Polynemidae, 多指马鲅属 *Polydactylus*。

【同种异名】*Polydactylus sexfilis* (non Valenciennes, 1831)；*Polynemus sextarius* Bloch & Schneider, 1801；*Trichidion sextarius* (Bloch & Schneider, 1801)。

【可数性状】背鳍Ⅷ，Ⅰ-13；臀鳍Ⅲ-12；胸鳍Ⅰ-13+6；腹鳍Ⅰ-5；尾鳍16～18；侧线鳞46～48；鳃耙11～12+13～15。

【可量性状】体长为体高的3.3～4.1倍，为头长的3.5～3.6倍，为尾柄长的5.0～5.7倍，为尾柄高的7.3～8.3倍；头长为吻长的4.2～4.7倍，为眼径的4.2～4.8倍，为眼间距的4.2～5.7倍；尾柄长为尾柄高的1.3～1.6倍。

【形态特征】体延长，侧扁。头中大，圆钝。吻短而圆突。眼较大，位于头部前方，距鳃盖后缘为距吻端的3倍，脂眼睑发达，覆盖眼的全部。口大，下位，口裂近水平。鳃孔大，前鳃盖骨后缘具细锯齿。胸鳍下侧位，下方具6条游离的丝状鳍条。尾鳍大，深叉形，上下叶均尖长。体背侧淡青黄色，腹部白色。各鳍边缘黑色，肩部侧线起点处具一大块黑斑。鳃盖上具一黑斑（图75）。

【分布范围】11°S—32°N, 75°—149°E；印度-太平洋西部区、印度-太平洋中部区和太平洋北部温带区；北至日本、韩国海域，西至波斯湾、阿曼湾，东至斐济群岛海域；我国分布于东海、南海。

【生态习性】热带种，咸水种、咸淡水种，底层种类，两侧洄游种类。栖息于泥沙底质的大陆架海域，常进入河口。主要以小型甲壳动物、鱼类等为食，食物组成中也有海绵动物和鱼鳞。具有性别转换现象，雄性先成熟。

【渔业利用】夏季和秋季渔获量较多，主要以流刺网作业。鱼市常见种类，具有一定的经济价值。

【群体特征】见表75。

表 75　黑斑多指马鲅群体特征

群体特征	春季	夏季	秋季	冬季
体长（mm）	—	37～82	40～99	—
全长（mm）	—	50～118	55～122	—
体重（g）	—	1.0～16.9	1.3～18.8	—
资源量	—	++	+++	—

图 75　黑斑多指马鲅

① 胸鳍下方具6条游离的丝状鳍条

② 侧线起点处具一大块黑斑

③ 脂眼睑发达，覆盖眼的全部

石首鱼科 Sciaenidae

梅童鱼属 Collichthys

76. 棘头梅童鱼 *Collichthys lucidus* (Richardson, 1844)

【英 文 名】spiny-head croaker, big head croaker。

【俗　　名】黄皮、黄梅仔。

【分类地位】辐鳍鱼纲 Actinopterygii，鲈形目 Perciformes，石首鱼科 Sciaenidae，梅童鱼属 *Collichthys*。

【同种异名】*Collichthys fragilis* Jordan & Seale, 1905；*Collichthys lucida* (Richardson, 1844)；*Sciaena lucida* Richardson, 1844。

【可数性状】背鳍Ⅷ，Ⅰ-24～25；臀鳍Ⅱ-11～12；胸鳍15；腹鳍Ⅰ-5；侧线鳞49～50；鳃耙10+17。

【可量性状】体长为体高的2.9～3.9倍，为头长的3.2～3.9倍，为尾柄长的4.7～8.0倍，为尾柄高的8.4～12.5倍；头长为吻长的2.9～4.4倍，为眼径的4.2～8.4倍，为眼间距的1.9～2.6倍；尾柄长为尾柄高的1.0～2.2倍。

【形态特征】体延长，侧扁，背部浅弧形，腹部平圆，尾柄细长。头大而圆钝，额部隆起，高低不平，黏液腔发达。头部枕骨棘棱显著，除前后两棘外，中间有2～3个小棘。口前位，口裂宽大深斜。颏孔4个，细小，不显著，外侧颏孔消失。无颏须。侧线发达，略呈弧形，向后几伸达尾鳍。鳔大，亚圆筒形，前端弧形，两侧不突出成侧囊，鳔侧具21～22对侧肢，各侧肢分为背分支和腹分支。耳石近盾形，背面隆起或具颗粒突起，腹面有一蝌蚪形印迹。背侧呈灰黄色，眼侧面金黄色，鳃腔白色或灰白色。背鳍鳍棘部边缘及尾鳍末端黑色，各鳍淡黄色（图76）。

【分布范围】印度-太平洋中部区和太平洋北部温带区；中国、日本、韩国、越南海域；中国分布于东海、南海。

【生态习性】亚热带种，海洋种，中下层种类，大洋洄游种类。栖息于泥沙质底的河口区域。以小型甲壳类等底栖动物为食。

【渔业利用】沿海常见小型鱼类，食用价值高。过去因体型较小，经济价值较低，随着野生鱼类资源衰退，现在经济价值较高。

【群体特征】见表76。

表 76　棘头梅童鱼群体特征

群体特征	春季	夏季	秋季	冬季
体长（mm）	79～143	49～136	42～163	25～157
全长（mm）	102～180	62～175	56～207	31～199
体重（g）	10.5～61.9	2.2～59.0	1.7～83.0	0.4～68.0
资源量	++	+	++	+++

图 76　棘头梅童鱼

❶ 体延长，侧扁。背侧面灰黄色，腹侧面金黄色

❷ 臀鳍具鳍条11～12

❸ 头部枕骨棘棱显著

■ 黄鱼属 *Larimichthys*

77. 大黄鱼 *Larimichthys crocea* (Richardson, 1846)

【英 文 名】large yellow croaker, croceine croaker。

【俗　　名】红口、红瓜、金龙、黄瓜、黄纹、黄花、黄鱼。

【分类地位】辐鳍鱼纲 Actinopterygii，鲈形目 Perciformes，石首鱼科 Sciaenidae，黄鱼属 *Larimichthys*。

【同种异名】*Collichthys croceus* (Richardson, 1846)；*Larimichthys croceus* (Richardson, 1846)；*Pseudosciaena amblyceps* Bleeker, 1863；*Pseudosciaena crocea* (Richardson, 1846)；*Pseudosciaena undovittata* Jordan & Seale, 1905；*Sciaena crocea* Richardson, 1846。

【可数性状】背鳍Ⅷ～Ⅸ，Ⅰ-31～32；臀鳍Ⅱ-8；胸鳍16～17；腹鳍Ⅰ-5；侧线鳞56～57；鳃耙9+16～17。

【可量性状】体长为体高的0.4倍，为头长的0.3倍，为尾柄长的0.5倍，为尾柄高的1.1倍；头长为吻长的4.1倍，为眼径的4.7倍，为眼间距的2.8倍；尾柄长为尾柄高的3.0倍。

【形态特征】体延长，侧扁，背缘和腹缘广弧形，尾柄细长。头侧扁，大而尖钝，具发达黏液腔。吻钝尖，大于眼径。口大，前位，斜裂。下颌稍突出，缝合处有一瘤状突起。上颌骨后端几伸达眼后缘上方。颏孔6个，不明显，中央颏孔及内侧颏孔呈方形排列，外侧颏孔存在。无颏须。鳔大，前端圆形，两侧不突出成侧囊，鳔侧具31～33对侧肢，每一侧肢具背分支及腹分支。耳石略呈盾形，腹面具一蝌蚪形印迹。椎骨一般26个。背面和上侧面黄褐色，下侧面和腹面金黄色。背鳍及尾鳍灰黄色，胸鳍和腹鳍黄色，唇橘红色（图77）。

【分布范围】13°—38°N，106°—141°E；印度-太平洋中部区和太平洋北部温带区；中国、日本、韩国海域；中国分布于黄海、东海。

【生态习性】温水种，海洋种、咸淡水种，中下层种类，大洋洄游种类。栖息于沿岸海域及河口，120 m以浅的泥质和泥沙质底海域较多，喜欢混浊水流。主要以小鱼及虾蟹等为食。鳔能发声，在生殖期会发出"咯咯"的声音。

【渔业利用】我国东南沿海最重要的经济鱼种之一，由于过度捕捞已很难捕捞到野生群体。目前养殖技术非常成熟，市售大黄鱼一般均为养殖个体。

【群体特征】见表77。

表77 大黄鱼群体特征

群体特征	春季	夏季	秋季	冬季
体长（mm）	132～177	95～154	143～182	-
全长（mm）	168～226	120～200	182～238	-
体重（g）	43.4～95.8	15.2～85.0	58.2～122.4	-
资源量	+	++	+	-

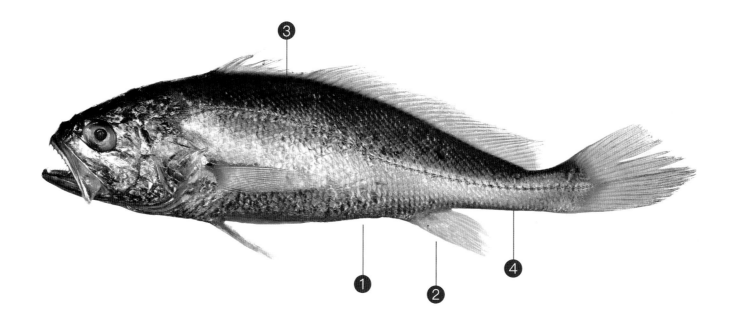

图77 大黄鱼

① 体延长，侧扁，金黄色，腹部具金黄色腺体

② 臀鳍鳍条8

③ 背鳍与侧线间具鳞8～9行

④ 尾柄长为尾柄高的3.0倍

■ 黄鳍牙䱛属 *Chrysochir*

78. 尖头黄鳍牙䱛 *Chrysochir aureus* (Richardson, 1846)

【英 文 名】golden drum, yellowfin croaker, gold belly croaker, golden corvina。

【俗　　名】尖头黄姑鱼、尖尾黄姑鱼、金姑鱼。

【分类地位】辐鳍鱼纲 Actinopterygii, 鲈形目 Perciformes, 石首鱼科 Sciaenidae, 黄鳍牙䱛属 *Chrysochir*。

【同种异名】*Johnius birtwistlei* Fowler, 1931；*Johnius ophiceps* (Alcock, 1889)；*Nibea acuta* (Tang, 1937)；*Otolithus aureus* Richardson, 1846；*Pseudusciaena birtwistlei* (Fowler, 1931)；*Sciaena incerta* Vinciguerra, 1926。

【可数性状】背鳍 X, I-26~27；臀鳍 II-7；胸鳍17；腹鳍 I-5；侧线鳞50~52；鳃耙5+8。

【可量性状】体长为体高的4.0倍，为头长的3.3~3.4倍，为尾柄长的4.9~5.6倍，为尾柄高的10.6~11.0倍；头长为吻长的3.3~3.5倍，为眼径的10.5~12.5倍，为眼间距的4.4~4.6倍；尾柄长为尾柄高的1.9~2.2倍。

【形态特征】体延长，侧扁，背部略呈弧形，腹部较平直。头中大而尖，侧扁。吻尖突，大于眼径。口大，亚前位，口裂稍斜，上颌稍长于下颌。上颌骨后端伸达眼后缘下方。上颌外行牙较大，锥形，前方数牙最大，犬牙状，排列稀疏，口闭时外露，其余牙细小，排列成牙带；下颌牙细小，带状排列，无犬牙。颏孔6个。无颏须。鳔大，前部无突出侧囊，前端圆形，后端细长，具30对缨须状侧肢，侧肢无背分支（图78）。

【分布范围】印度-太平洋西部区、印度-太平洋中部区和太平洋北部温带区；北至中国海域，南至印度尼西亚海域，西至斯里兰卡海域；中国分布于东海、南海。

【生态习性】热带种，海洋种、咸淡水种，中下层种类。主要栖息于沙泥底质、较浅的沿岸海域，以小型甲壳类为食。

【渔业利用】产量较低，具有一定的经济价值。

【群体特征】见表78。

表 78　尖头黄鳍牙䱛群体特征

群体特征	春季	夏季	秋季	冬季
体长（mm）	141～204	-	88～153	115～194
全长（mm）	174～257	-	117～204	146～242
体重（g）	53.6～164.8	-	13.4～76.4	24.4～124.2
资源量	+	-	+	+

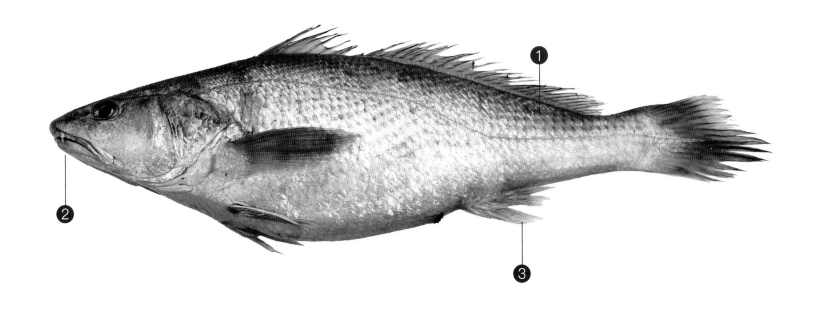

图 78　尖头黄鳍牙䱛

❶ 体延长，侧扁

❷ 头尖突，吻尖突。上颌稍长于下颌，上颌具犬牙，下颌不具犬牙

❸ 臀鳍鳍条7

■ 黄姑鱼属 *Nibea*

79. 黄姑鱼 *Nibea albiflora* (Richardson, 1846)

【英 文 名】yellow drum, white flower croaker。

【俗　　名】春只、皮鲶、花鲶、铜鱼、黄姑子、黄婆。

【分类地位】辐鳍鱼纲 Actinopterygii，鲈形目 Perciformes，石首鱼科 Sciaenidae，黄姑鱼属 *Nibea*。

【同种异名】*Corvina albiflora* Richardson, 1846；*Corvina fauvelii* Sauvage, 1881。

【可数性状】背鳍Ⅹ，Ⅰ-28～30；臀鳍Ⅱ-7；胸鳍17；腹鳍Ⅰ-5；侧线鳞52～54；鳃耙6+11。

【可量性状】体长为体高的3.3～3.7倍，为头长的3.2～3.5倍；头长为吻长的3.8～4.1倍，为眼径的4.7～5.7倍；尾柄长为尾柄高的2.4～3.1倍。

【形态特征】体延长，侧扁。头中大，侧扁，稍尖突。吻短，大于眼径。口裂大，端位，倾斜，上颌长于下颌，上颌骨后缘延伸达瞳孔后缘；口闭合时上颌外列齿外露。颏孔为"似五孔型"。体被栉鳞。鳔大，前端外侧无侧囊或侧突，具侧须。背侧面灰橙色，腹面银白色，背侧具许多灰黑色波状条纹，与侧线成一定角度斜向前下方。背鳍每一鳍条基底具黑色小点。胸鳍、腹鳍、臀鳍橙黄色（图79）。

【分布范围】18°—39°N，105°—135°E；印度-太平洋中部区和太平洋北部温带区；北至日本海域，南至越南海域；我国分布于渤海、黄海、东海、南海。

【生态习性】温水种，海洋种，中下层种类。栖息于泥沙质底近岸水域。以底栖小型甲壳类及小鱼等为食。繁殖期间会利用鳔发声。

【渔业利用】我国沿岸海域产量较高，是重要的经济鱼种。人工养殖技术已成熟。

【群体特征】见表79。

表79 黄姑鱼群体特征

群体特征	春季	夏季	秋季	冬季
体长（mm）	−	198～224	−	−
全长（mm）	−	210～246	−	−
体重（g）	−	22.4～180.3	−	−
资源量	−	+	−	−

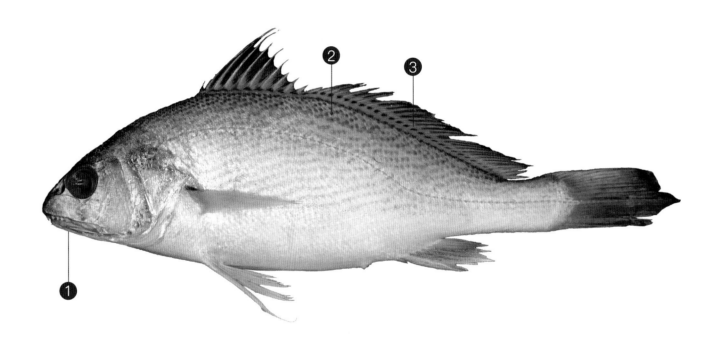

图79 黄姑鱼

❶ 颏孔5个

❷ 背侧面灰橙色，腹面银白色，背侧具许多灰黑色波状条纹

❸ 背鳍鳍条28～30，每一鳍条基底有一暗色小点

■ 叫姑鱼属 *Johnius*

80. 鳞鳍叫姑鱼 *Johnius distinctus* (Tanaka, 1916)

【英 文 名】croaker。

【俗   名】春只。

【分类地位】辐鳍鱼纲 Actinopterygii, 鲈形目 Perciformes, 石首鱼科 Sciaenidae, 叫姑鱼属 *Johnius*。

【同种异名】*Johnius tingi* (Tang, 1937); *Pseudosciaena tingi* Tang, 1937; *Sciaena distincta* Tanaka, 1916; *Wak tingi* (Tang, 1937)。

【可数性状】背鳍Ⅹ，Ⅰ-29～30；臀鳍Ⅱ-7；胸鳍17～18；腹鳍Ⅰ-5；侧线鳞48～52；鳃耙6+11。

【可量性状】体长为体高的3.2～3.4倍，为头长的3.4～3.5倍；头长为吻长的3.4～4.1倍，为眼径的4.0～4.8倍；尾柄长为尾柄高的2.5～3.0倍。

【形态特征】体侧扁，吻圆突；口下位，口腔内为白色。鳃盖上方具不明显暗斑。耳石为叫姑鱼型，印迹头区半圆形，尾端扩大为圆锥形。鳔为叫姑鱼型，腹分支16对。体背部为银灰褐色，侧线上下各具一条暗色宽纵带，幼鱼较成鱼更明显；腹部银白。背鳍硬棘膜具黑斑，尾鳍楔形且具黑缘（图80）。

【分布范围】印度-太平洋中部区和太平洋北部温带区；中国、日本海域；中国分布于东海、南海。

【生态习性】温水种，海洋种，中下层种类。多栖息于泥沙底质浅水海域，可进入河口区。主要以底栖生物为食。鳔能发声。

【渔业利用】拖网主要渔获物之一，经济价值较高。

【群体特征】见表80。

表 80　鳞鳍叫姑鱼群体特征

群体特征	春季	夏季	秋季	冬季
体长（mm）	135	152	-	-
全长（mm）	166	188	-	-
体重（g）	51.9	99.6	-	-
资源量	+	+	-	-

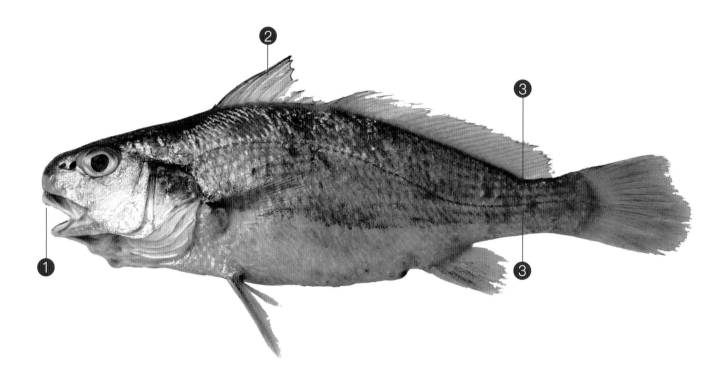

图 80　鳞鳍叫姑鱼

① 口中大，两颌约等长，吻圆突

② 背鳍鳍棘上部具一浅黑斑

③ 侧线上下各具一条暗色宽纵带

81. 皮氏叫姑鱼 *Johnius belangerii* (Cuvier, 1830)

【英 文 名】river perch, boulenger's croaker, mini-knob, jewfish。

【俗   名】加网、黑鮸、地瓜鱼。

【分类地位】辐鳍鱼纲 Actinopterygii，鲈形目 Perciformes，石首鱼科 Sciaenidae，叫姑鱼属 *Johnius*。

【同种异名】*Corvina belengerii* Cuvier, 1830；*Corvina carouna* (non Cuvier, 1830)；*Corvina comes* (non De Vis, 1884)；*Corvina kuhlii* Cuvier, 1830；*Corvina lobata* Cuvier, 1830；*Johnius australis* (non Günther, 1880)；*Johnius belengeri* (Cuvier, 1830)。

【可数性状】背鳍Ⅸ～Ⅹ，Ⅰ-28～29；臀鳍Ⅱ-7；胸鳍17；腹鳍Ⅰ-5；侧线鳞45～51；鳃耙5+13。

【可量性状】体长为体高的3.3～3.6倍，为头长的3.4～3.6倍；头长为吻长的3.5～3.8倍，为眼径的3.7～4.4倍；尾柄长为尾柄高的2.5～3.2倍。

【形态特征】体延长，侧扁。头侧扁，短而圆钝。吻圆钝短，突出。口小，下位。颏孔为"似五孔型"。体被栉鳞。耳石为叫姑鱼型，印迹头区半圆形。鳔中大，前端两侧突出呈锤形侧囊，具侧肢，侧肢具腹分支，无背分支。体呈灰褐色，背部深暗色，两侧及腹面银白色。鳃盖部黑色，口腔白色（图81）。

【分布范围】印度-太平洋西部区、印度-太平洋中部区和太平洋北部温带区；北至日本、韩国海域，南至澳大利亚海域，西至波斯湾、阿曼湾；我国分布于渤海、黄海、东海、南海。

【生态习性】热带种，海洋种、咸淡水种，中下层种类，两侧洄游种类。栖息于沿岸海域及河口浅水海域。主要以底栖无脊椎动物为食。

【渔业利用】拖网渔业重要渔获物之一，经济价值较高。

【群体特征】见表81。

表 81　皮氏叫姑鱼群体特征

群体特征	春季	夏季	秋季	冬季
体长（mm）	53～138	92～173	53～159	57～70
全长（mm）	69～171	112～210	56～202	90～116
体重（g）	2.8～55.5	17.6～120.4	3.0～107.4	2.9～13.4
资源量	+	++	+	+

图 81　皮氏叫姑鱼

❶　口小，上颌突出，吻圆钝

❷　背鳍鳍棘部边缘黑色，其他鳍灰色

❸　颏孔为"似五孔型"，中间一对颏孔接近，中间具肉垫

羊鱼科 Mullidae

■ 绯鲤属 *Upeneus*

82. 日本绯鲤 *Upeneus japonicus* (Houttuyn, 1782)

【英 文 名】yellowfin goatfish, striped goatfish, red mullet goatfish。

【俗　　名】三带海鲱鲤、日本羊鱼、条尾绯鲤、秋姑、须哥。

【分类地位】辐鳍鱼纲 Actinopterygii, 鲈形目 Perciformes, 羊鱼科 Mullidae, 绯鲤属 *Upeneus*。

【同种异名】*Mullus bensasi* Temminck & Schlegel, 1843；*Mullus japonicus* Houttuyn, 1782；*Upeneoides bensasi* (Temminck & Schlegel, 1843)；*Upeneoides tokisensis* Döderlein, 1883；*Upeneus bensasi* (Temminck and Schlegel, 1843)。

【可数性状】背鳍Ⅶ，Ⅰ-8；臀鳍Ⅰ-6；胸鳍15；腹鳍Ⅰ-5；尾鳍17；侧线鳞30~31；鳃耙5+15~16。

【可量性状】体长为体高的4.0~4.7倍，为头长的3.5~3.8倍，为尾柄长的7.1~8.0倍，为尾柄高的8.0~9.4倍；头长为吻长的2.8~3.3倍，为眼径的3.6~4.0倍，为眼间距的3.1~3.4倍；尾柄长为尾柄高的1.0~1.3倍。

【形态特征】体呈长椭圆形，稍侧扁。头稍小。吻粗钝。眼中大，上侧位，距吻端与距鳃盖后缘约相等。眼间隔宽平。口小，前下位，口裂低平。体呈紫红色，各鳍浅黄色。两背鳍各具2条棕赤色条纹，尾鳍上叶具3~5条褐色斜纹。颏须浅黄色（图82）。

【分布范围】印度-太平洋中部区和太平洋北部温带区；北至朝鲜海域，南至马来西亚海域，西至泰国湾；我国分布于渤海、黄海、东海、南海。

【生态习性】亚热带种，海洋种，底层种类，岩礁种类。栖息于沿岸及近海沙泥底质海域。主要以底栖软体动物及甲壳类为食。

【渔业利用】经济价值较低。

【群体特征】见表82。

表82　日本绯鲤群体特征

群体特征	春季	夏季	秋季	冬季
体长（mm）	−	61～98	−	96
全长（mm）	−	71～117	−	119
体重（g）	−	4.4～18.8	−	17.3
资源量	−	++	−	+

图82　日本绯鲤

❶ 体呈长椭圆形，紫红色

❷ 下颌缝合处稍后方具一对黄色长须

❸ 尾鳍上叶具3～5条褐色斜纹

鯻科 Terapontidae

■ 鯻属 *Terapon*

83. 鯻 *Terapon theraps* Cuvier, 1829

【英 文 名】banded grunter, banded trumpeter, flagtail grunter, large scaled banded grunter。

【俗   名】丁公、屎龟、硬头浪、花斑梧、斑吾、条纹鯻、花身仔、鸡仔鱼。

【分类地位】辐鳍鱼纲 Actinopterygii, 鲈形目 Perciformes, 鯻科 Terapontidae, 鯻属 *Terapon*。

【同种异名】*Eutherapon theraps* (Cuvier, 1829); *Perca argentea* Linnaeus, 1758; *Perca indica* Gronow, 1854; *Therapon nigripinnis* Macleay, 1881; *Therapon rubricatus* Richardson, 1842; *Therapon theraps* Cuvier, 1829。

【可数性状】背鳍XI- I -10；臀鳍III-8；胸鳍12；腹鳍 I -5；尾鳍16；侧线鳞52～53；鳃耙8+14～16。

【可量性状】体长为体高的2.5～2.6倍，为头长的3.2～3.3倍；头长为吻长的3.0～3.4倍，为眼径的3.8～4.0倍；尾柄长为尾柄高的1.4～1.6倍。

【形态特征】体呈椭圆形，侧扁。头部背面后半部具骨质线纹，眼中大，稍小于眼间隔。前鳃盖骨后缘具锯齿；鳃盖骨上具2棘，下棘较长，超过鳃盖骨后缘，上棘细弱而不明显。体被栉鳞，银灰色，侧面具4条较宽的棕黑色纵带，第一条沿背鳍基部延伸；第二条自后头部延伸至背鳍鳍条部，与第一条融合；第三条最长，自吻端经眼，沿体侧中央伸达尾柄上部，与尾鳍黑色斑纹相接；第四条自胸鳍基底向后延伸，逐渐消失。背鳍第三至第七鳍棘间的鳍膜上具一大黑斑。尾鳍具5条黑色斑纹，胸鳍和腹鳍淡色（图83）。

【分布范围】35°S—36°N, 20°—168°E；印度-太平洋西部区、印度-太平洋中部区和太平洋北部温带区；北至日本、韩国海域，南至澳大利亚海域，西至东非沿岸海域，东至所罗门群岛、新喀里多尼亚海域；我国分布于东海、南海。

【生态习性】热带种，广盐种，底栖种类，岩礁种类。幼体常漂流至外海海域，成体栖息于近岸水域。雄性个体有护卵行为。肉食性，以小型鱼类、甲壳类及底栖无脊椎动物为食。

【渔业利用】具有一定经济价值。

【群体特征】见表83。

表 83　鯻群体特征

群体特征	春季	夏季	秋季	冬季
体长（mm）	-	70	82	-
全长（mm）	-	85	98	-
体重（g）	-	11.1	15.2	-
资源量	-	+	+	-

图 83　鯻

① 上下颌牙细小，排列成为绒毛状牙带，外行牙较大

② 背鳍第三至第七鳍棘间的鳍膜上具一大黑斑

③ 尾鳍具5条黑色斑纹

④ 体侧具4条棕黑色纵带

鲻科 Callionymidae

■ 鲻属 *Callionymus*

84. 绯鲻 *Callionymus beniteguri* Jordan & Snyder, 1900

【英文名】whitespotted dragonet, black caudal dragonet。

【俗　名】小箭头鱼、本氏鼠鲻。

【分类地位】辐鳍鱼纲 Actinopterygii, 鲈形目 Perciformes, 鲻科 Callionymidae, 鲻属 *Callionymus*。

【同种异名】*Callionymus kanekonis* Tanaka, 1917；*Repomucenus beniteguri* (Jordan & Snyder, 1900)。

【可数性状】背鳍Ⅸ, 9；臀鳍9；胸鳍19；腹鳍Ⅰ-5；尾鳍10。

【可量性状】体长为体高的9.4~11.0倍, 为头长的3.4~5.4倍；头长为吻长的2.0~3.1倍, 为眼径的3.0~3.6倍。

【形态特征】体延长, 宽而平扁, 向后渐细, 略侧扁。头宽扁, 背视呈三角形。吻平扁, 三角形, 吻长大于眼径。眼大, 于头背侧。口亚前位, 能伸缩。鳃孔小, 位于头部背面。前鳃盖骨棘长, 后端向上弯, 上具3小棘。体背侧灰褐色, 具不规则圆形浅色小斑, 沿侧线具6个不规则暗色斑块。雄鱼第一背鳍鳍膜具蓝白色斑纹, 第三至第四鳍棘上缘及后缘黑色；雌鱼第一背鳍第三至第四鳍棘间具黑色斑块, 第二背鳍散布蓝白色及黑色小斑点（图84）。

【分布范围】印度-太平洋中部区和太平洋北部温带区；中国、日本、韩国海域；中国分布于黄海、东海、南海。

【生态习性】温水种, 海洋种, 底层种类。游泳缓慢, 摄食小型软体动物和蠕虫。

【渔业利用】小型鱼类, 没有经济价值。

【群体特征】见表84。

表84　绯鲻群体特征

群体特征	春季	夏季	秋季	冬季
体长 (mm)	—	52~66	—	—
全长 (mm)	—	75~86	—	—
体重 (g)	—	1.8~2.8	—	—
资源量	—	+	—	—

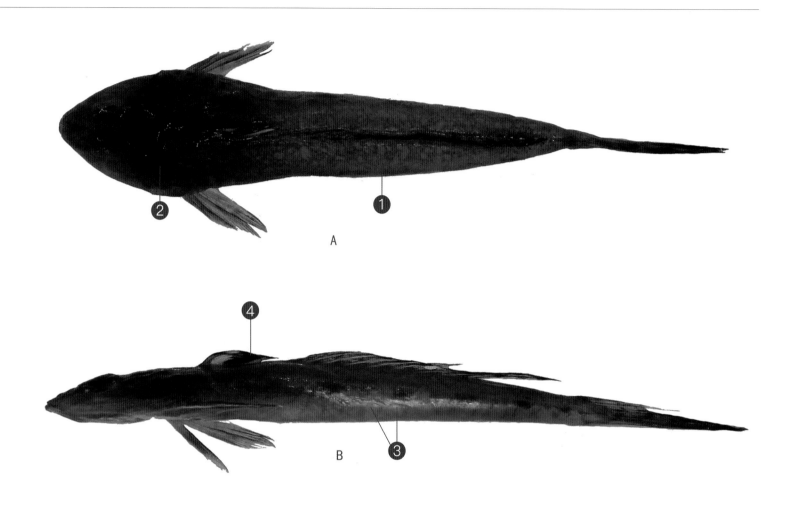

图 84　绯䘗
A. 标本背面图　　B. 标本侧面图

① 体延长，宽而平扁，向后渐细，至尾部略侧扁
② 头宽扁，背视呈三角形
③ 沿侧线具6个不规则暗色斑块
④ 第一背鳍第三至第四鳍棘间具黑色斑块

鰕虎鱼科 Gobiidae

■ 拟矛尾鰕虎鱼属 *Parachaeturichthys*

85. 拟矛尾鰕虎鱼 *Parachaeturichthys polynema* (Bleeker, 1853)

【英文名】lancet-tail goby, taileyed goby。

【俗　　名】须鰕虎鱼、鳗锥。

【分类地位】辐鳍鱼纲 Actinopterygii，鲈形目 Perciformes，鰕虎鱼科 Gobiidae，拟矛尾鰕虎鱼属 *Parachaeturichthys*。

【同种异名】*Chaeturichthys polynema* Bleeker, 1853；*Gobius polynema* (Bleeker, 1853)；*Prachaeturichthys palynema* (Bleeker, 1853)。

【可数性状】背鳍Ⅵ，Ⅰ-9~11；臀鳍10；胸鳍20~22；腹鳍Ⅰ-5；尾鳍16~17；纵列鳞28~31，横列鳞7~8；鳃耙4~5+9~10。

【可量性状】体长为体高的4.9~5.9倍，为头长的3.8~4.5倍；头长为吻长的4.2~4.4倍，为眼径的3.6~4.2倍；尾柄长为尾柄高的1.8~2.1倍。

【形态特征】体延长，前部亚圆形，后部侧扁，尾柄侧扁而薄，较长。头稍大，略平扁，头高与头宽约相等，背缘略圆凸。体被大栉鳞。头部除吻部外，项部、胸部及腹部均被圆鳞。背鳍2个，分离，第一背鳍具6个鳍棘，第二及第三鳍棘最长；第二背鳍基底较长，鳍条较高，平放时鳍条伸达尾鳍基。臀鳍与第二背鳍同形，起点在第二背鳍第三鳍条下方，鳍条几伸达尾鳍基。胸鳍尖长，大于头长，伸达臀鳍起点。左右腹鳍愈合成一吸盘，短于头长。尾鳍尖长，大于头长，基部上方有一个椭圆形白边黑色圆斑（图85）。

【分布范围】印度-太平洋西部区、印度-太平洋中部区和太平洋北部温带区；北至日本海域，南至澳大利亚海域，西至东非沿岸、塞舌尔群岛海域，东至巴布亚新几内亚海域，波斯湾、阿曼湾亦有分布；我国分布于渤海、黄海、东海、南海。

【生态习性】热带种，海洋种，底层种类。

【渔业利用】小型鱼类，无经济价值。偶尔可见食用。

【群体特征】见表85。

表 85　拟矛尾鰕虎鱼群体特征

群体特征	春季	夏季	秋季	冬季
体长（mm）	68～74	70～79	60～83	−
全长（mm）	87～93	86～110	78～115	−
体重（g）	5.7～7.0	5.5～8.6	3.1～9.6	−
资源量	+	+	+	−

图 85　拟矛尾鰕虎鱼

① 头腹面具许多小须

② 第一背鳍具鳍棘6个；第二背鳍具鳍棘1个，鳍条9~11个

③ 尾鳍基部上方具一白边黑色圆斑

■ 孔鰕虎鱼属 *Trypauchen*

86. 孔鰕虎鱼 *Trypauchen vagina* (Bloch & Schneider, 1801)

【英 文 名】burrowing goby。

【俗   名】红九、红水宫、红挑、青疼鱼、赤鲨、红猴亮、红罗埕。

【分类地位】辐鳍鱼纲 Actinopterygii，鲈形目 Perciformes，鰕虎鱼科 Gobiidae，孔鰕虎鱼属 *Trypauchen*。

【同种异名】*Gobioides ruber* Hamilton, 1822；*Gobius vagina* Bloch & Schneider, 1801；*Trypauchen wakae* Jordan & Snyder, 1901。

【可数性状】背鳍Ⅵ-42～48；臀鳍42～46；胸鳍18～20；腹鳍Ⅰ-5；尾鳍17；纵列鳞73～80，横列鳞19～22；鳃耙2+5～7。

【可量性状】体长为体高的7.5～10.0倍，为头长的5.6～6.0倍，为尾柄长的18.9～21.8倍，为尾柄高的15.2～18.1倍；头长为吻长的3.4～3.7倍，为眼径的10.7～20.4倍，为眼间距的3.8～5.5倍；尾柄长为尾柄高的0.4～1.0倍。

【形态特征】体颇延长，颇侧扁，背缘、腹缘几平直，近尾端渐细小。头短，侧扁，头后中央具一顶脊。吻短而圆钝，弧形倾斜。眼小，埋于皮下。鳃盖上缘具一凹陷，内通一盲腔，不与鳃孔相通。体被圆鳞。臀鳍和背鳍同形，起点在背鳍第三鳍条下方。背鳍和臀鳍均分别与尾鳍相连。胸鳍小，上部鳍条较长，下方鳍条短，腹鳍狭小，左右腹鳍愈合成一漏斗状吸盘。全体紫红色带蓝褐色（图86）。

【分布范围】印度-太平洋西部区、印度-太平洋中部区和太平洋北部温带区；北至中国海域，南至印度尼西亚海域，西至波斯湾、阿曼湾；中国分布于东海、南海。

【生态习性】热带种，海洋种、咸淡水种，底层种类，两侧洄游种类。栖息于近海潮间带半咸水中。

【渔业利用】小型鱼类，无经济价值。

【群体特征】见表86。

表 86　孔鰕虎鱼群体特征

群体特征	春季	夏季	秋季	冬季
体长 (mm)	112～141	62～150	72～142	52～144
全长 (mm)	119～163	69～172	84～171	60～168
体重 (g)	7.7～17.3	1.0～19.7	1.4～16.8	0.7～17.8
资源量	+	+	+	++

图 86　孔鰕虎鱼

❶ 体颇延长，鳗形，全体紫红色带蓝褐色

❷ 鳃盖上缘具一凹陷

❸ 眼小，埋于皮下

❹ 背鳍、臀鳍均与尾鳍相连

■ 狼牙鰕虎鱼属 *Odontamblyopus*

87. 拉氏狼牙鰕虎鱼 *Odontamblyopus lacepedii* (Temminck & Schlegel, 1845)

【英 文 名】rubicundus eelgoby。

【俗   名】瘦亮、红亮鱼、红亮条、瘦条、赤九、红鼻条。

【分类地位】辐鳍鱼纲 Actinopterygii, 鲈形目 Perciformes, 鰕虎鱼科 Gobiidae, 狼牙鰕虎鱼属 *Odontamblyopus*。

【同种异名】*Amblyopus lacepedii* Temminck & Schlegel, 1845；*Amblyopus sieboldi* Steindachner, 1867；*Gobioides petersenii* Steindachner, 1893；*Nudagobioides nankaii* Shaw, 1929；*Sericagobioides lighti* Herre, 1927；*Taenioides abbotti* Jordan & Starks, 1906。

【可数性状】背鳍Ⅵ-44～48；臀鳍43～46；胸鳍32～34；腹鳍Ⅰ-5；尾鳍17；鳃耙5～7+12～14。

【可量性状】体长为体高的13.7～18.4倍，为头长的9.2～11.9倍，为尾柄长的35.3倍，为尾柄高的34.5～41.4倍；头长为吻长的1.8～2.9倍，为眼径的19.8倍，为眼间距的2.0～3.7倍；尾柄长为尾柄高的1.0倍

【形态特征】体颇延长，侧扁，略呈带状。头大，略呈长方形，头高约与体高相等。吻短，中央稍凸出，前端宽圆。眼极小，退化，埋于皮下，约位于头前1/4处。上颌牙尖锐、弯曲，犬牙状，外行牙每侧4～6个，排列稀疏，突出唇外。背鳍后方鳍条与尾鳍相连。臀鳍鳍条部与背鳍鳍条部同形，起点在背鳍第三鳍条下方，后部鳍条连于尾鳍。胸鳍尖长，基底较宽，伸达腹鳍末端。腹鳍大，略大于胸鳍，左右腹鳍愈合成一尖长吸盘。尾鳍尖长，较头为长。体呈淡红色或灰紫色。背鳍、臀鳍及尾鳍一般呈黑褐色（图87）。

【分布范围】印度-太平洋中部区和太平洋北部温带区；中国、日本、韩国海域；中国分布于渤海、黄海、东海、南海。

【生态习性】亚热带种，海洋种、咸淡水种，底栖种类。常栖息于水深较浅的海域，可在泥中钻洞，洞深可达90 cm。主要以底栖硅藻、甲壳类和小型鱼类为食。

【渔业利用】小型鱼类，无经济价值。

【群体特征】见表87。

表87　拉氏狼牙鰕虎鱼群体特征

群体特征	春季	夏季	秋季	冬季
体长（mm）	107～214	—	109～131	103～233
全长（mm）	127～252	—	140～175	121～277
体重（g）	5.6～30.3	—	3.3～7.4	4.5～34.5
资源量	+	+	+	+

图87　拉氏狼牙鰕虎鱼

① 体延长，鳗形，全体淡红色或灰紫色

② 两颌外行牙扩大，每侧具4～6个弯曲犬牙

③ 眼退化，埋于皮下

④ 背鳍、臀鳍与尾鳍相连，一般呈黑褐色

篮子鱼科 Siganidae

■ 篮子鱼属 *Siganus*

88. 长鳍篮子鱼 *Siganus canaliculatus* (Park, 1797)

【英文名】white spotted rabbitfish, slimy spinefoot, net-pattern spinfoot, seagrass rabbitfish。

【俗　　名】臭肚、象鱼、黄斑篮子鱼。

【分类地位】辐鳍鱼纲 Actinopterygii, 鲈形目 Perciformes, 篮子鱼科 Siganidae, 篮子鱼属 *Siganus*。

【同种异名】*Amphacanthus dorsalis* Valenciennes, 1835；*Chaetodon canaliculatus* Park, 1797；*Siganus oramin* (Bloch and Schneider, 1801)；*Teuthis dorsalis* (Valenciennes, 1835)。

【可数性状】背鳍 I，XIII-10；臀鳍 VII-9；胸鳍 16～17；腹鳍 I-3-I；尾鳍 17～18；侧线鳞 180～200；鳃耙 4+18～19。

【可量性状】体长为体高的 2.6～3.1 倍，为头长的 3.6～3.9 倍，为尾柄长的 6.8～9.8 倍，为尾柄高的 17.4～18.8 倍；头长为吻长的 2.4～3.9 倍，为眼径的 3.1～3.4 倍，为眼间距的 3.0～3.9 倍；尾柄长为尾柄高的 1.0～2.8 倍。

【形态特征】体呈椭圆形，侧扁，背缘和腹缘呈弧形，尾柄低。头短小。吻三角形突出，不形成吻管。眼大，上侧位。体被小圆鳞，鳞薄，埋于皮下。侧线完全，上侧位，与背缘平行，伸达尾鳍基。背鳍起点前方具一前向小棘，埋于皮下。臀鳍鳍条部与背鳍鳍条部同形，几相对。腹鳍短于胸鳍，内外侧各具一鳍棘。体呈黄绿色，背部色较深，腹部色较浅。头部和体侧散具许多椭圆形小黄斑，在头后侧线起点下方常隐具一长条形暗斑。各鳍浅黄色。背鳍和臀鳍鳍膜间具暗色云纹，鳍条具暗色节环。尾鳍具部明显垂直暗带（图88）。

【分布范围】35°S—30°N, 49°E—174°W；印度-太平洋西部区、印度-太平洋中部区和太平洋北部温带区；北至日本海域，南至澳大利亚海域，西至波斯湾、阿曼湾，东至新喀里多尼亚海域，查戈斯群岛海域亦有分布；我国分布于东海、南海。

【生态习性】热带种，海洋种、咸淡水种，岩礁种类，大洋洄游种类。常栖息于珊瑚礁区或岩礁区等藻类丛生的水域。多次产卵型。杂食性，以藻类及小型附着性无脊椎动物为食。鳍棘尖锐有毒。

【渔业利用】小型鱼类，鱼市常见种类，经济价值一般。养殖技术成熟，具有一定的养殖规模。

【群体特征】见表88。

表88 长鳍篮子鱼群体特征

群体特征	春季	夏季	秋季	冬季
体长（mm）	−	48～129	−	−
全长（mm）	−	60～155	−	−
体重（g）	−	1.7～49.6	−	−
资源量	−	++	−	−

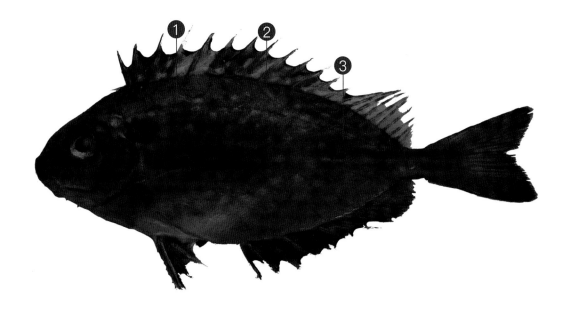

图88 长鳍篮子鱼

❶ 体呈椭圆形，被细小薄圆鳞，埋于皮下，黄绿色

❷ 背鳍中部与侧线间具鳞20～23纵行

❸ 体侧具许多椭圆形小黄斑

89. 褐篮子鱼 *Siganus fuscescens* (Houttuyn, 1782)

【英 文 名】mottled spinefoot, sandy spinefoot, doctor fish, dusky rabbitfish。

【俗 名】树鱼、疏网、羊锅、臭肚、象鱼。

【分类地位】辐鳍鱼纲 Actinopterygii, 鲈形目 Perciformes, 篮子鱼科 Siganidae, 篮子鱼属 *Siganus*。

【同种异名】*Amphacanthus albopunctatus* Temminck & Schlegel, 1845；*Amphacanthus aurantiacus* Temminck & Schlegel, 1845；*Amphacanthus fuscescens* (Houttuyn, 1782)；*Amphacanthus gymnopareius* Richardson, 1843；*Amphacanthus kopsii* Bleeker, 1851。

【可数性状】背鳍Ⅰ，XIII-10；臀鳍VII-9；胸鳍16；腹鳍Ⅰ-3-Ⅰ；尾鳍17；侧线鳞270；鳃耙5+17～18。

【可量性状】体长为体高的2.5～2.6倍，为头长的4.0～4.3倍；头长为吻长的2.2～2.5倍，为眼径的3.3～4.2倍，为眼间距的2.8倍；尾柄长为尾柄高的1.1倍。

【形态特征】体呈长椭圆形，侧扁，尾柄较低。头短小，吻背缘和颊部腹缘均斜直。吻三角形突出，不形成吻管，前端圆钝。眼大，上侧位。口小，前下位。体被小圆鳞，鳞薄，长圆形，埋于皮下。侧线完全，上侧位，与背缘平行，伸达尾鳍基。背鳍连续，起点在鳃盖骨后缘上方，起点前方具一埋于皮下的前向棘。臀鳍鳍条部与背鳍鳍条部同形，几相对。腹鳍短于胸鳍，内外缘各具一鳍棘。体色变化大，体黄绿略带褐色，背部色深，腹部色浅。体侧和尾柄具稀疏长条形小白斑和大小不一的小黑斑。体背缘和腹缘各具5～6条宽带状灰黑色横纹，向上下延伸至背鳍和臀鳍鳍膜上。鳃盖后上方具一灰黑色大圆斑。腹鳍、臀鳍和尾鳍黄褐色，其余各鳍浅黄色，背鳍和臀鳍鳍条具暗色斑，尾鳍具暗色横纹（图89）。

【分布范围】37°S—42°N，90°—171°E；印度-太平洋西部区、印度-太平洋中部区和太平洋北部温带区；北至日本、韩国海域，南至澳大利亚及豪勋爵岛海域，西至印度海域，东至瓦努阿图海域；我国分布于东海、南海。

【生态习性】热带种，海洋种、咸淡水种，岩礁种类，大洋洄游种类。常栖息于平坦底质的浅水区或珊瑚礁区。杂食性，以藻类及小型附着性无脊椎动物为食。各鳍鳍棘尖锐且具毒腺，毒性不强。

【渔业利用】小型鱼类，鱼市常见种类，经济价值一般。养殖技术成熟，具有一定的养殖规模。

【群体特征】见表89。

表89 褐篮子鱼群体特征

群体特征	春季	夏季	秋季	冬季
体长（mm）	—	81	—	—
全长（mm）	—	102	—	—
体重（g）	—	10.1	—	—
资源量	—	＋	—	—

图89 褐篮子鱼

① 体呈长椭圆形，被细小薄圆鳞，埋于皮下，黄绿色

② 背鳍中部与侧线间具鳞25～30纵行

③ 背缘具5～6条宽带状灰黑色横纹

魣科 Sphyraenidae

■ 魣属 *Sphyraena*

90. 油魣 *Sphyraena pinguis* Günther, 1874

【英 文 名】red barracuda。

【俗　　 名】油金梭鱼。

【分类地位】辐鳍鱼纲 Actinopterygii，鲈形目 Perciformes，魣科 Sphyraenidae，魣属 *Sphyraena*。

【同种异名】无。

【可数性状】背鳍Ⅴ，Ⅰ-9；臀鳍Ⅱ-8；胸鳍14；腹鳍Ⅰ-5；尾鳍17；侧线鳞90～94；鳃耙2+3。

【可量性状】体长为体高的6.1～6.4倍，为头长的2.9～3.1倍，为尾柄长的5.3～6.1倍，为尾柄高的12.1～13.6倍；头长为吻长的2.1～2.3倍，为眼径的6.4～7.4倍，为眼间距的6.3～7.0倍；尾柄长为尾柄高的2.0～2.5倍。

【形态特征】体细长，近圆筒形，背缘浅弧形，腹部圆形。头长，背视呈三角形，头顶自吻向后至眼间隔处2对纵脊。吻尖长。眼大，上侧位，距鳃盖后缘较距吻端为近。眼间隔较窄，小于眼径。口前位，口裂大，颚骨具一纵行尖锐犬牙。鳃盖骨后上方具一扁棘。背鳍2个；第一背鳍具5鳍棘，起点在腹鳍起点之后，距眼后缘与距第二背鳍起点约相等；第二背鳍起点前于臀鳍起点。臀鳍起点与第二背鳍第四鳍条相对。体呈黄棕色，腹部银白色。背鳍、胸鳍及尾鳍浅灰色，尾鳍后缘黑色（图90）。

【分布范围】北大西洋温带区、印度-太平洋中部区和太平洋北部温带区；北至日本、韩国海域，南至印度尼西亚海域，地中海亦有分布；我国分布于东海、南海。

【生态习性】热带种，海洋种，中下层种类，大洋洄游种类。常栖息于近岸泥质、岩礁底质海域。以虾类和鱼类为食。

【渔业利用】常见于拖网渔获物，次要经济种类。

【群体特征】见表90。

表 90　油魛群体特征

群体特征	春季	夏季	秋季	冬季
体长（mm）	−	164～190	−	−
全长（mm）	−	194～235	−	−
体重（g）	−	34.9～70.7	−	−
资源量	−	+	−	−

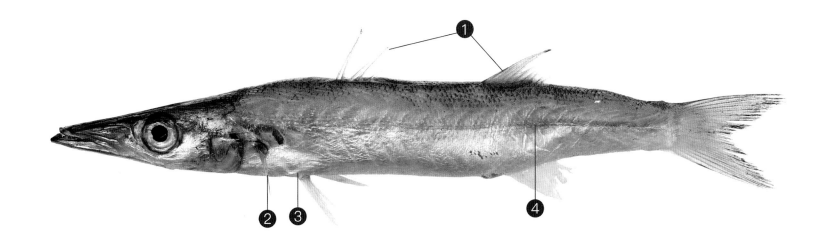

图 90　油魛

❶　第一背鳍具5鳍棘；第二背鳍具1鳍棘、9鳍条，两背鳍相隔较远

❷　胸鳍末端超越腹鳍基底

❸　腹鳍亚胸位，位于第一背鳍起点之前

❹　鳞较小，体色一致，无斑纹

带鱼科 Trichiuridae

■ 沙带鱼属 *Lepturacanthus*

91. 沙带鱼 *Lepturacanthus savala* (Cuvier, 1829)

【英 文 名】smallhead hairtail, smallheaded ribbonfish。

【俗　　名】箅满。

【分类地位】辐鳍鱼纲 Actinopterygii，鲈形目 Perciformes，带鱼科 Trichiuridae，沙带鱼属 *Lepturacanthus*。

【同种异名】*Trichiurus armatus* Gray, 1831；*Trichiurus savala* Cuvier, 1829。

【可数性状】背鳍109~113；臀鳍73~77；胸鳍11~12；无腹鳍；无尾鳍；鳃耙2~4+3~7。

【可量性状】肛长为体高的5.3~5.9倍，为头长的2.5~2.6倍；头长为吻长的2.3~3.4倍，为眼径的7.5~9.4倍，为眼间距的6.2~7.5倍。

【形态特征】体颇延长，侧扁，呈带状，背缘、腹缘几近平直，肛门部稍宽大，尾部甚细，末端呈鞭状。头狭长，侧扁，前端尖突。口大，平直。下颌突出，长于上颌。鳃盖膜不与峡部相连。具假鳃。鳃耙短小，不发达，鳃弓两端有的鳃耙退化。鳞退化。侧线完全，在胸鳍上方向下弯曲，折向腹面，向后沿腹缘伸达尾端，几呈直线状。第一臀鳍鳍棘发达，长约为眼径的1/2，其余小棘仅尖端外露。胸鳍下侧位，短小，基部平横，鳍条斜向上方。无腹鳍。尾鳍消失。体呈银白色，尾部深黑色。背鳍与胸鳍密布黑色小点（图91）。

【分布范围】17°S—36°N, 69°—154°E；印度-太平洋西部区、印度-太平洋中部区和太平洋北部温带区；北至日本海域，南至澳大利亚海域，西至亚丁湾和阿拉伯海，东至巴布亚新几内亚海域；我国分布于东海、南海。

【生态习性】热带种，海洋种、咸淡水种，大洋洄游种类。常栖息于沿岸水域，夜间游至表层水体。以小型鱼类和甲壳类为食。

【渔业利用】常为底拖网副渔获物，味道鲜美，具有一定经济价值。

【群体特征】见表91。

表 91　沙带鱼群体特征

群体特征	春季	夏季	秋季	冬季
肛长（mm）	98	74 ~ 185	88 ~ 130	86 ~ 152
体重（g）	31.6	3.0 ~ 122.5	12.7 ~ 40.3	10.5 ~ 68.1
资源量	+	++	+	+

图 91　沙带鱼

① 尾部逐渐变细，呈鞭状，无尾鳍

② 侧线在胸鳍上方显著下弯；小带鱼没有下弯，基本呈直线

③ 第一鳃弓鳃耙较少，为 2 ~ 4+3 ~ 7

鲭科 Scombridae

■ 鲭属 *Scomber*

92. 日本鲭 *Scomber japonicus* Houttuyn, 1782

【英 文 名】scomber, Pacific mackerel, Spanish mackerel, striped mackerel, slimy mackerel, Japan mackerel。

【俗　　名】白腹鲭、花飞、青辉、花鲲、鲐。

【分类地位】辐鳍鱼纲 Actinopterygii, 鲈形目 Perciformes, 鲭科 Scombridae, 鲭属 *Scomber*。

【同种异名】*Pneumatophorus diego* (Ayres, 1856)；*Pneumatophorus grex* (non Mitchill, 1814)；*Pneumatophorus japonicus* (Houttuyn, 1782)；*Scomber capensis* Cuvier, 1832；*Scomber colias* (non Gmelin, 1789)；*Scomber dekayi* (non Storer, 1855)；*Scomber diego* Ayres, 1856。

【可数性状】背鳍Ⅸ~Ⅹ，Ⅰ-11~12，小鳍5；臀鳍Ⅰ，Ⅰ-11，小鳍5；胸鳍19；腹鳍Ⅰ-5；尾鳍17；侧线鳞208~220；鳃耙13~14+26~28。

【可量性状】叉长为体高的4.2~5.8倍，为头长的3.5~3.7倍；头长为吻长的2.9~3.2倍，为眼径的3.5~4.2倍。

【形态特征】体呈纺锤形，稍侧扁；尾柄细短，尾鳍基部两侧各具2条小隆起脊；头中大，稍侧扁。吻稍尖，长大于眼径。眼大，具发达脂眼睑。体被细小圆鳞。侧线完全，上侧位。第一背鳍后具5个独立小鳍；臀鳍与第二背鳍同形；尾鳍深叉形。侧线上方青灰色，具蓝色不规则斑纹，侧线下方无斑纹（图92）。

【分布范围】48°S—60°N, 116°E—70°W；印度-太平洋西部区、印度-太平洋中部区、太平洋北部温带区、南非温带区、南美温带区和东太平洋热带区；北至俄罗斯海域，南至南非、阿根廷海域，主要分布于亚洲东部沿岸和美洲西部沿岸海域；我国分布于渤海、黄海、东海、南海。

【生态习性】亚热带种，海洋种，中上层种类，大洋洄游种类。常栖息于沿岸海域，与其他种的鲭科鱼类或鲱科小沙丁鱼类成群出现。具强正旋光性，有昼夜垂直移动现象。以小型甲壳类、小鱼为食。

【渔业利用】重要食用鱼类，产量很高，经济价值较高。

【群体特征】见表92。

表 92　日本鲭群体特征

群体特征	春季	夏季	秋季	冬季
叉长（mm）	61～112	—	—	—
全长（mm）	71～131	—	—	—
体重（g）	2.6～16.8	—	—	—
资源量	+	—	—	—

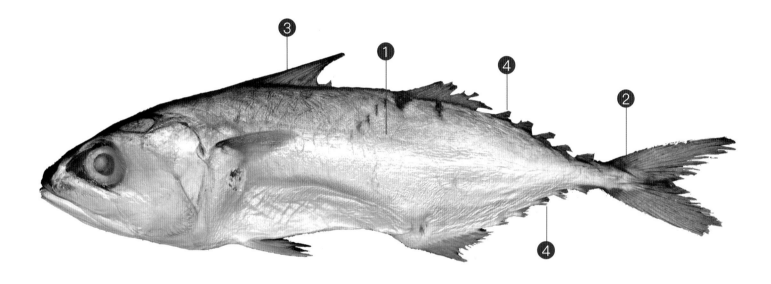

图 92　日本鲭

❶ 体呈纺锤形，侧线上方青灰色且具蓝色不规则斑纹，侧线下方无斑纹

❷ 尾鳍基部两侧各具2条小隆起脊

❸ 第一背鳍鳍棘9～10

❹ 背鳍、臀鳍后方各具5个独立小鳍

■ 马鲛属 *Scomberomorus*

93. 蓝点马鲛 *Scomberomorus niphonius* (Cuvier, 1832)

【英 文 名】Japanese Spanish mackerel, spotted mackerel。

【俗   名】尖头马加、燕鱼、蓝点鲛、土托、正马加。

【分类地位】辐鳍鱼纲 Actinopterygii，鲈形目 Perciformes，鲭科 Scombridae，马鲛属 *Scomberomorus*。

【同种异名】*Cybium gracile* Günther, 1873；*Cybium niphonium* Cuvier, 1832；*Sawara niphonia* (Cuvier, 1832)。

【可数性状】背鳍XIX～XX，15～16，小鳍8～9；臀鳍15～16，小鳍8～9；胸鳍21；腹鳍Ⅰ-5；尾鳍20；鳃耙3～4-9～10。

【可量性状】叉长为体高的5.8～6.5倍，为头长的4.5～4.8倍；头长为吻长的2.7～2.9倍，为眼径的4.9～6.1倍。

【形态特征】体延长，侧扁。尾柄两侧在尾鳍基部各具有3条隆起脊，中央脊长而高，其余两脊短而低。头中大，端位，斜裂。上下颌等长，上下颌齿各具齿一列，齿强大，侧扁，三角形，14～20枚，排列稀疏。第一背鳍后具8～9个独立小鳍；臀鳍与第二背鳍同形；尾鳍新月形。体背部蓝黑色，腹部银灰色。沿体侧中央有数列黑色圆斑（图93）。

【分布范围】18°—45°N，108°—143°E；印度-太平洋西部区、印度-太平洋中部区和太平洋北部温带区；俄罗斯、中国、韩国、日本海域；中国分布于渤海、黄海、东海、南海。

【生态习性】暖温带种，海洋种，中上层种类，大洋洄游种类。栖息于近岸海域。生性凶猛，游泳速度快，捕食小型鱼类。

【渔业利用】产量较高，重要的经济种类。

【群体特征】见表93。

表93 蓝点马鲛群体特征

群体特征	春季	夏季	秋季	冬季
叉长（mm）	—	—	425～442	396～470
体重（g）	—	—	604.5～776.5	605.0～842.0
资源量	—	—	+	+

图 93　蓝点马鲛

① 体呈纺锤形，体背蓝黑色；沿体侧中央具数列黑色圆斑

② 尾鳍基部两侧各具3条隆起脊，中央隆起脊长而高

③ 侧线在体中部不向腹部骤弯

④ 背鳍鳍棘19～20。背鳍、臀鳍后方各具8～9个独立小鳍

长鲳科 Centrolophidae

■ 刺鲳属 *Psenopsis*

94. 刺鲳 *Psenopsis anomala* (Temminck & Schlegel, 1844)

【英 文 名】wart butterfish, white butterfish, Pacific rudderfish, melon seed。

【俗　　名】南鲳、海仓、玉昌、瓜核、肉鱼、肉鲫。

【分类地位】辐鳍鱼纲 Actinopterygii，鲈形目 Perciformes，长鲳科 Centrolophidae，刺鲳属 *Psenopsis*。

【同种异名】*Trachinotus anomalus* Temminck & Schlegel, 1844。

【可数性状】背鳍Ⅵ~Ⅶ-28~30；臀鳍Ⅲ-25~26；胸鳍19；腹鳍Ⅰ-5；尾鳍17；侧线鳞53~56；鳃耙6~7+12~14；椎骨25~26。

【可量性状】体长为体高的2.2倍，为头长的3.2~3.9倍，为尾柄长的8.9~10.0倍，为尾柄高的9.8~10.5倍；头长为吻长的3.3~4.1倍，为眼径的3.0~3.7倍，为眼间距的2.6~3.2倍；尾柄长为尾柄高的1.1~2.4倍。

【形态特征】体呈卵圆形，侧扁，背面与腹面圆钝，弧形隆起。头较小，侧扁而高，背面隆凸，两侧平坦。吻短钝，等于或稍小于眼睑。眼大，侧位。体被薄圆鳞，易脱落；头部无鳞。背鳍、臀鳍及尾鳍基底被细鳞。侧线完全，与背缘平行。背鳍1个，鳍棘部和鳍条部连续，鳍棘部具独立、短小鳍棘，鳍条部的基底较长。体背侧青灰色，腹部浅色。鳃盖后上角具一黑斑。各鳍浅灰色（图94）。

【分布范围】19°—42°N，111°—141°E；印度-太平洋中部区和太平洋北部温带区；北至日本、朝鲜海域，南至越南、泰国海域；我国分布于东海、南海。

【生态习性】热带种，海洋种，中下层种类。主要栖息于沙泥底质海域。以浮游生物及小鱼、甲壳类动物为食。

【渔业利用】产量较高，鱼市常见种类，具有一定的经济价值。

【群体特征】见表94。

表94　刺鲳群体特征

群体特征	春季	夏季	秋季	冬季
体长（mm）	30～77	72～115	-	-
全长（mm）	36～99	98～148	-	-
体重（g）	0.5～14.2	13.3～57.4	-	-
资源量	+	+	-	-

图94　刺鲳

① 体呈卵圆形，被薄圆鳞，易脱落

② 背鳍1个，鳍棘部和鳍条部相连，与臀鳍同形

③ 鳃盖后上角具一黑斑

鲳科 Stromateidae

鲳属 *Pampus*

95. 银鲳 *Pampus argenteus* (Euphrasen, 1788)

【英 文 名】silver pomfret, white pomfret。

【俗　　名】白鲳、燕尾鲳、正鲳。

【分类地位】辐鳍鱼纲 Actinopterygii, 鲈形目 Perciformes, 鲳科 Stromateidae, 鲳属 *Pampus*。

【同种异名】*Stromateus argenteus* Euphrasen, 1788；*Stromateus cinereus* Bloch, 1795；*Stromatioides nozawae* Ishikawa, 1904。

【可数性状】背鳍Ⅶ-38～43；臀鳍Ⅶ～Ⅷ-41～43；胸鳍23；无腹鳍；尾鳍17；椎骨32~34。

【可量性状】体长为体高的1.5～1.7倍，为头长的3.9～4.7倍，为尾柄长的10.1～13.9倍，为尾柄高的11.2～15.7倍；头长为吻长的3.5～4.4倍，为眼径的3.5～4.2倍，为眼间距的2.3～3.8倍；尾柄长为尾柄高的0.9～1.4倍。

【形态特征】体近菱形，侧扁。头较小，侧扁而高，背面隆起，两侧平坦。吻短钝，大于眼径。眼较小，侧位，靠近头部前端，距吻端较距鳃盖后上角为近。口小，亚前位，稍倾斜。体被细小圆鳞。侧线完全，上侧位，与背缘平行。背鳍条部呈镰刀状，前部鳍条常延长，最长鳍条末端有时可伸达尾柄。臀鳍与背鳍同形，几相对，鳍棘小戟状。胸鳍大，伸达背鳍基底中部下方。无腹鳍。尾鳍深叉形，下叶延长。体背侧灰黑色，微带青色，腹部灰白色，具银色光泽。各鳍灰黑色（图95）。

【分布范围】印度-太平洋中部区和太平洋北部温带区；北至日本海域，南至马来西亚海域；我国分布于东海、南海。

【生态习性】亚热带种，海洋种，中下层种类，大洋洄游种类。主要栖息于沿岸沙泥底质海域，常与金线鱼、鲾科或对虾等共同出现于群体中。以浮游动物（如水母）等为食。

【渔业利用】围网、定置网、刺网作业捕捞对象，具有较高的经济价值，我国福建省较重要的经济种类。

【群体特征】见表95。

表 95 银鲳群体特征

群体特征	春季	夏季	秋季	冬季
叉长（mm）	12 ~ 155	35 ~ 148	72 ~ 198	72 ~ 85
体重（g）	1.0 ~ 109.3	130.0 ~ 148.0	20.7 ~ 469.8	11.7 ~ 20.2
资源量	++	+	+	+

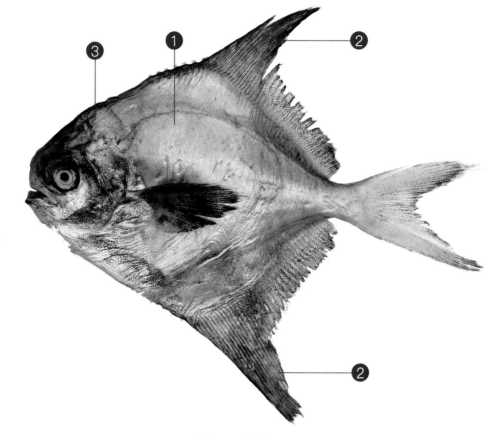

图 95 银鲳

① 体近菱形，侧扁

② 背鳍和臀鳍后缘镰刀状，不伸达尾鳍基

③ 头部后上方横枕管丛和背分支丛后缘圆形，腹分支丛几伸达胸鳍1/3处上方

96. 灰鲳 *Pampus cinereus* (Bloch, 1795)

【英 文 名】grey pomfret。

【俗　　名】暗鲳、黑鲳、其鲳。

【分类地位】辐鳍鱼纲 Actinopterygii，鲈形目 Perciformes，鲳科 Stromateidae，鲳属 *Pampus*。

【同种异名】*Stromateus cinereus* Bloch, 1795。

【可数性状】背鳍Ⅶ-38～42；臀鳍Ⅴ～Ⅵ-38～40；胸鳍21；无腹鳍；尾鳍23。

【可量性状】体长为体高的1.5～1.6倍，为头长的3.6～4.3倍；头长为吻长的3.5～4.6倍，为眼径的4.0～4.8倍；尾柄长为尾柄高的1.0～1.1倍。

【形态特征】体近菱形，侧扁，背缘、腹缘弧形隆起，尾柄短，高与长约相等。背鳍与臀鳍前部数鳍条甚长，呈镰刀状，倒伏可达尾鳍基。胸鳍大，可伸达背鳍基底中部正下方。尾鳍深叉形，下叶长于上叶。其他特征与银鲳近似。体背侧灰黑，腹部灰白，有银色光泽，各鳍灰黑色（图96）。

【分布范围】10°S—46°N，47°—142°E；印度-太平洋西部区、印度-太平洋中部区和太平洋北部温带区；北至日本、韩国海域，南至印度尼西亚海域，西至波斯湾、阿曼湾；我国分布于东海、南海。

【生态习性】亚热带种，海洋种，中下层种类，大洋洄游种类。主要栖息于沿岸沙泥底水域。以浮游动物（如水母）以及小型底栖生物等为食。

【渔业利用】围网、定置网、刺网作业捕捞对象，具有较高的经济价值，我国福建省重要的经济种类。

【群体特征】见表96。

表 96　灰鲳群体特征

群体特征	春季	夏季	秋季	冬季
叉长（mm）	—	116～121	—	—
体重（g）	—	43.8～51.2	—	—
资源量	—	+	—	—

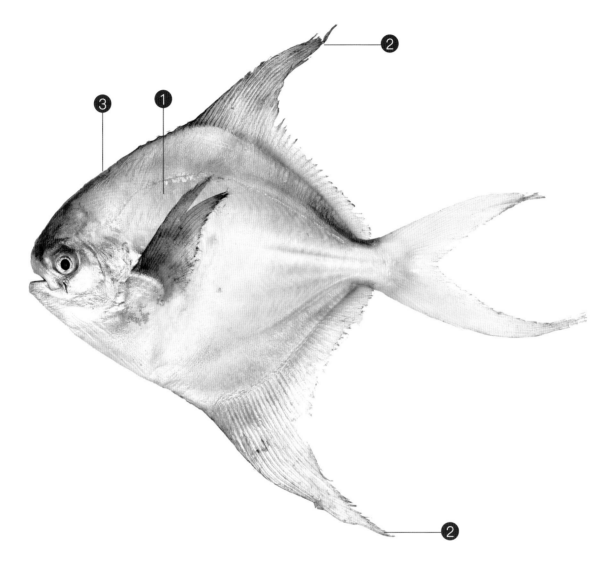

图 96 灰鲳

① 体近菱形，侧扁

② 背鳍和臀鳍后缘呈镰刀状，倒伏可伸达尾鳍基

③ 头部后上方横枕管丛和背分支丛后缘楔形，腹分支丛近伸达胸鳍2/3处上方

97. 中国鲳 *Pampus chinensis* (Euphrasen, 1788)

【英 文 名】Chinese silver pomfret, Chinese pomfret。

【俗　　名】斗鲳。

【分类地位】辐鳍鱼纲 Actinopterygii，鲈形目 Perciformes，鲳科 Stromateidae，鲳属 *Pampus*。

【同种异名】*Stromateus chinensis* Euphrasen, 1788。

【可数性状】背鳍Ⅵ~Ⅶ-43~47；臀鳍Ⅳ~Ⅵ-37~45；胸鳍20~22；无腹鳍；尾鳍22~24；椎骨30~33。

【可量性状】体长为体高的1.1倍，为头长的3.6倍，为尾柄长的8.4倍，为尾柄高的9倍；头长为吻长的3.4倍，为眼径的3.8倍，为眼间距的3.2倍；尾柄长为尾柄高的1.1倍。

【形态特征】体近菱形，侧扁，背面与腹面狭窄，背缘和腹缘弧形隆起，体以背鳍起点前为最高，由此向吻端倾斜，尾柄短，侧扁，高大于长。头较小，侧扁而高，背面隆凸，两侧平坦。吻短，截形，约与眼径相等。眼小，侧位，靠近头的前端，距鳃盖后上角为距吻端的2倍。体被细小圆鳞，易脱落，头部除吻及两颌裸露外，大部分被鳞。侧线完全，上侧位，与背缘平行。背鳍一个，鳍棘小戟状。臀鳍与背鳍同形，相对。胸鳍宽大，向后伸达背鳍基底中部下方。无腹鳍。尾鳍截形或分叉，上下叶约等长。体背侧暗灰色，腹部浅色，各鳍灰褐色（图97）。

【分布范围】10°S—32°N，48°—131°E；印度-太平洋西部区、印度-太平洋中部区和太平洋北部温带区；北至日本海域，南至印度尼西亚海域，西至阿曼湾、巴基斯坦海域；我国分布于东海、南海。

【生态习性】热带种，海洋种、咸淡水种，中下层种类，两侧洄游种类。主要栖息于沿岸沙泥底水域。以浮游动物（如水母）以及小型底栖动物等为食。偶可发现于河口区域。

【渔业利用】流刺网、拖网、围网等渔获物中均可见，经济价值较高，产量不大。

【群体特征】见表97。

表 97 中国鲳群体特征

群体特征	春季	夏季	秋季	冬季
叉长（mm）	−	92～122	−	−
体重（g）	−	38.0～48.3	−	−
资源量	−	+	−	−

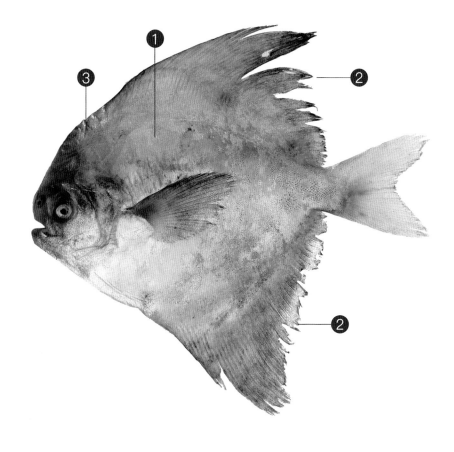

图 97 中国鲳

① 体近菱形，侧扁

② 背鳍和臀鳍后缘截形

③ 头部后上方横枕管丛和背分支丛后缘楔形，腹分支丛近伸达胸鳍中部上方

98. 镰鲳 *Pampus echinogaster* (Basilewsky, 1855)

【英 文 名】Korean pomfret。

【俗　　名】暗鲳、黑鲳。

【分类地位】辐鳍鱼纲 Actinopterygii，鲈形目 Perciformes，鲳科 Stromateidae，鲳属 *Pampus*。

【同种异名】*Stromateus echinogaster* Basilewsky, 1855。

【可数性状】背鳍Ⅷ~ⅩⅠ-43~51；臀鳍Ⅴ~Ⅷ-43~49；胸鳍22~27；无腹鳍；尾鳍19~22；鳃耙3~4+12~16；椎骨41。

【可量性状】体长为体高的1.6~1.9倍，为头长的3.7~6.2倍；头长为吻长的4.1~6.2倍，为眼径的3.7~4.2倍，为眼间距的1.2~2.7倍；尾柄长为尾柄高的2.6~4.0倍。

【形态特征】体近菱形，侧扁，背面与腹面狭窄，背鳍和臀鳍呈镰刀状。头较小，侧扁而高。吻短而钝，稍突出，等于或略短于眼径。口小，亚前位。体被细小圆鳞，易脱落，头部除吻和两颊裸露外，大部分被鳞。侧线完整，上侧位，沿胸鳍基部到尾鳍的方向呈弧形，几与背缘平行。头部后上方侧线管的横枕管丛和背分支丛后缘呈浅弧形，略短，背部横枕管丛末端未达胸鳍上部基点。腹部横枕管丛稀少，明显短于背部横枕管丛。体背侧青灰色，腹侧银白色。背鳍和臀鳍前部深灰色，后部浅灰色。尾鳍浅灰色。胸鳍灰色并带有些许黑色小斑点（图98）。

【分布范围】太平洋北部温带区；中国、日本、韩国海域；中国分布于东海。

【生态习性】温水种，海洋种，中下层种类。常栖息于沿岸沙泥底质海域。以浮游动物（如水母）以及小型底栖动物等为食。

【渔业利用】经济价值较高，产量较低。

【群体特征】见表98。

表 98　镰鲳群体特征

群体特征	春季	夏季	秋季	冬季
叉长（mm）	-	89～136	-	-
体重（g）	-	28.5～64.3	-	-
资源量	-	+	-	-

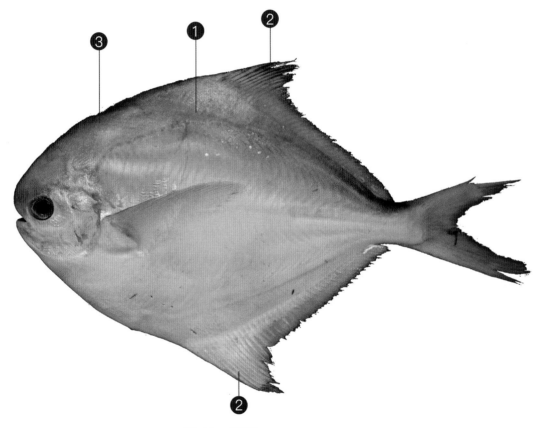

图 98　镰鲳

1. 体近菱形，侧扁
2. 背鳍、臀鳍鳍条较短，没有显著延长
3. 头部后上方横枕管丛和背分支丛后缘呈浅弧形，背部横枕管丛末端未达胸鳍上部基点

四、闽江口游泳生物各论

鲽形目 Pleuronectiformes

体甚侧扁，成鱼身体左右不对称。两眼均位于头部的左侧或右侧。口、牙、偶鳍等有时不对称。肛门通常不在腹面正中线上。各鳍一般无鳍棘；背鳍和臀鳍基底长，鳍条数目多；腹鳍胸位或喉位，鳍条通常不多于6条。鳃盖条7。假鳃发达。成鱼一般无鳔。体两侧被栉鳞或圆鳞，或有眼侧被栉鳞，无眼侧被圆鳞。两侧的体色亦有所不同，无眼侧通常无色。

鲽科 Pleuronectidae

■ 木叶鲽属 *Pleuronichthys*

99. 木叶鲽 *Pleuronichthys cornutus* (Temminck & Schlegel, 1846)

【英 文 名】horny turbot, finespotted flounder, frog flounder。

【俗   名】右鲽、溜仔、滴苎、猴子鱼、目板鲽、眼板鲽、沙轮、鼓眼。

【分类地位】辐鳍鱼纲 Actinopterygii，鲽形目 Pleuronectiformes，鲽科 Pleuronectidae，木叶鲽属 *Pleuronichthys*。

【同种异名】*Platessa cornuta* Temminck and Schlegel, 1846；*Pleuronectes cornutus* (Temminck and Schlegel, 1846)；*Pleuronichthys lighti* Wu, 1929。

【可数性状】背鳍76~83；臀鳍56~58；胸鳍11~12；腹鳍6；尾鳍19；侧线鳞103~109；鳃耙2~3+6~7。

【可量性状】体长为体高的1.7~2.2倍，为头长的4.1~5.1倍；头长为吻长的5.0~5.8倍，为眼径的3.0~3.7倍。

【形态特征】体呈卵圆形，侧扁而高，背缘和腹缘均隆起，尾柄短而高。头颇短小。吻甚短，前端略钝。眼大，两眼均位于头右侧，上眼靠近头部背缘，两眼前方各具一短棘。眼间隔甚窄，脊状，前后端各具一强棘。鳃盖膜不与峡部相连。鳃耙短，锥形。体两侧均被小圆鳞。头部除吻、两颌与眼间隔外均被鳞。左右侧线均发达，直线状，具颞上支。有眼侧褐色，具不规则小黑斑。奇鳍边缘暗色（图99）。

【分布范围】印度-太平洋中部区和太平洋北部温带区；中国、日本、朝鲜、韩国海域；中国分布于渤海、黄海、东海、南海。

【生态习性】温水种，海洋种，底层种类。常栖息于沿岸泥沙底质海域。肉食性，多潜伏在海底，伺机捕食甲壳类、贝类及小型鱼类。

【渔业利用】中型鱼类，底拖网渔获物中常见。具有一定的经济价值。

【群体特征】见表99。

表99　木叶鲽群体特征

群体特征	春季	夏季	秋季	冬季
体长（mm）	59	—	—	—
全长（mm）	72	—	—	—
体重（g）	4.2	—	—	—
资源量	+	—	—	—

图99　木叶鲽

① 两眼均位于头右侧，上眼靠近头部背缘，两眼前方各具一短棘

② 有眼侧褐色，具不规则小黑斑

③ 侧线发达，呈直线状，无弧状弯曲

鳎科 Soleidae

■ 条鳎属 *Zebrias*

100. 条鳎 *Zebrias zebra* (Bloch, 1787)

【英 文 名】zebra sole, blendbanded sole, shimaushinoshita, striped sole。

【俗   名】斑纹箬鳎、条鳎、斑条鳎、九平分、猫利、花手绢、花牛舌、花鞋底。

【分类地位】辐鳍鱼纲 Actinopterygii，鲽形目 Pleuronectiformes，鳎科 Soleidae，条鳎属 *Zebrias*。

【同种异名】*Pleuronectes zebra* Bloch, 1787；*Synaptura zebra* (Bloch, 1787)。

【可数性状】背鳍82～92；臀鳍69～77；胸鳍8～9；腹鳍4；尾鳍16～18；侧线鳞111～112，椎骨51~52。

【可量性状】体长为体高的2.2～3.0倍，为头长的5.3～6.3倍；头长为吻长的3.6～7.1倍，为眼径的5.7～7.3倍。

【形态特征】体呈长舌状，侧扁，背缘和腹缘均圆突。头短小。吻短而圆。眼小，两眼均位于头部右侧。口小，近前位，口裂弧形。体两侧被强栉鳞。背鳍起点在上眼前缘上方。臀鳍起点在胸鳍基底前下方。背鳍和臀鳍鳍条均不分支；尾鳍不突出于背鳍和臀鳍后部鳍条之外。有眼侧胸鳍略长，胸鳍基底上方与鳃盖膜相连；无眼侧胸鳍退化。左右腹鳍略对称，基底均短。尾鳍后缘圆钝。有眼侧黄褐色，具平行的黑色横带。胸鳍黑色。尾鳍黑色，具黄色斑点。无眼侧白色或淡黄色，奇鳍边缘黑色（图100）。

【分布范围】印度-太平洋中部区和太平洋北部温带区；北至日本海域，南至印度尼西亚海域；我国分布于渤海、黄海、东海、南海。

【生态习性】热带种，咸水种、咸淡水种，底层种类，岩礁种类。常栖息于沿岸泥沙底质海域。主要以底栖无脊椎动物为食。

【渔业利用】中小型鱼类，底拖网渔获物中常见，经济价值较低。

【群体特征】见表100。

表 100　条鳎群体特征

群体特征	春季	夏季	秋季	冬季
全长（mm）	−	75~119	−	−
体重（g）	−	4.0~15.7	−	−
资源量	−	+	−	−

图 100　条鳎

❶ 尾鳍上下缘完全连背鳍、臀鳍，不突出于背鳍和臀鳍后部鳍条之外

❷ 有眼侧头部及身体有11~12对黑褐色带状横纹，横纹上下端深入背鳍、臀鳍

舌鳎科 Cynoglossidae

■ 舌鳎属 *Cynoglossus*

101. 短吻三线舌鳎 *Cynoglossus abbreviatus* (Gray, 1834)

【英 文 名】shortnose tongue-sole, smallscaled flatfish, three-lined tongue sole。

【俗 名】小三线鳎、窄鳞挞沙、短吻舌鳎、鳎目、扁鱼、牛舌、龙舌。

【分类地位】辐鳍鱼纲 Actinopterygii, 鲽形目 Pleuronectiformes, 舌鳎科 Cynoglossidae, 舌鳎属 *Cynoglossus*。

【同种异名】*Areliscus abbreviatus* (Gray, 1834); *Areliscus trigrammus* (non Günther, 1962); *Cynoglossus trigrammus* (non Günther, 1862); *Plagusia abbreviata* Gray, 1834; *Trulla abbreviata* (Gray, 1834); *Trulla trigrammus* (non Günther, 1862)。

【可数性状】背鳍122；臀鳍103；无胸鳍；腹鳍4；尾鳍8；上、中侧线间具鳞19~20纵行；侧线鳞11+114；椎骨60~62。

【可量性状】体长为体高的3.9倍，为头长的5.6倍；头长为吻长的2.9倍，为眼径的12.1倍。

【形态特征】体呈长舌状，甚延长，侧扁。头较短。吻略短，吻长约等于上眼至背鳍基的距离，前端圆钝，钩状突短，尖端伸达有眼侧前鼻孔的下方。眼略小，两眼均位于头部左侧。口小，下位。鳃盖膜不与峡部相连。无鳃耙。体两侧均被细小强栉鳞。有眼侧具3条侧线，无眼侧无侧线。背鳍和臀鳍鳍条均不分支，后端均与尾鳍相连。无胸鳍。有眼侧具腹鳍，以膜与臀鳍相连；无眼侧无腹鳍。尾鳍后缘尖形（图101）。

【分布范围】印度-太平洋中部区和太平洋北部温带区；北至日本海域，南至印度尼西亚海域；我国分布于渤海、黄海、东海、南海。

【生态习性】暖水种，海洋种，底层种类。常栖息于大陆架沙质和泥质海底，在潮下带也有发现。主要以底栖无脊椎动物为食。

【渔业利用】中大型鱼类，底拖网渔获物中常见，具有一定经济价值。

【群体特征】见表101。

表 101　短吻三线舌鳎群体特征

群体特征	春季	夏季	秋季	冬季
全长（mm）	119～310	79～255	101～244	97～284
体重（g）	8.7～180.4	2.5～96.0	4.8～121.2	0.9～155.5
资源量	++	++	++	+++

图 101　短吻三线舌鳎

① 有眼侧具3条侧线，上中侧线间具鳞19～20纵行，无眼侧无侧线

② 有眼侧和无眼侧均被细小强栉鳞

102. 少鳞舌鳎 *Cynoglossus oligolepis* (Bleeker, 1855)

【英 文 名】blacktail tongue-sole。

【俗   名】稀鳞舌鳎、大鳞舌鳎、黑尾舌鳎、狗舌、龙利。

【分类地位】辐鳍鱼纲 Actinopterygii，鲽形目 Pleuronectiformes，舌鳎科 Cynoglossidae，舌鳎属 *Cynoglossus*。

【同种异名】*Plagusia oligolepis* Bleeker, 1855。

【可数性状】背鳍111～127；臀鳍85～98；无胸鳍；腹鳍4；尾鳍10；上、中侧线间鳞7～9；侧线鳞5～7+56～67。

【可量性状】体长为体高的4.1～4.5倍，为头长的4.5～4.8倍；头长为吻长的2.0～2.7倍，为眼径的9.4～10.8倍。

【形态特征】体呈长舌状，甚侧扁。头略短。吻略长，前端圆钝，钩状突短，尖端不伸达有眼侧前鼻孔下方。眼小，两眼均位于头部左侧。口略大，下位，口裂弧形，口角后端伸达下眼后缘的后下方。鳃盖膜不与峡部相连。无鳃耙。有眼侧被栉鳞，无眼侧被圆鳞。有眼侧具2条侧线，无眼侧无侧线。背鳍和臀鳍鳍条均不分支，后端均与尾鳍相连。无胸鳍。有眼侧具腹鳍，以膜与臀鳍相连，无眼侧无腹鳍，尾鳍后缘尖形。有眼侧褐色；奇鳍暗褐色（图102）。

【分布范围】印度-太平洋中部区和太平洋北部温带区；中国、泰国、印度尼西亚海域；中国分布于东海、南海。

【生态习性】热带种，海洋种，底层种类。常栖息于泥沙质近海海底，主要摄食小型无脊椎动物。

【渔业利用】中小型鱼类，拖网渔获物中常见，数量较多，具有一定经济价值。

【群体特征】见表102。

表102 少鳞舌鳎群体特征

群体特征	春季	夏季	秋季	冬季
全长（mm）	174～271	88～285	239～284	179～241
体重（g）	20.3～108.9	3.1～109.4	61.0～147.0	24.1～73.6
资源量	+	+	+	+

图 102　少鳞舌鳎

① 有眼侧被栉鳞，无眼侧被圆鳞

② 有眼侧有两条侧线，上中侧线间具鳞7～9行；无眼侧无侧线

103. 斑头舌鳎 *Cynoglossus puncticeps* (Richardson, 1846)

【英 文 名】speckled tongue-sole, spotted tounge-sole, mottled tonguesole。

【俗　　名】头斑鞋底鱼、挞沙、狗舌、花舌、花龙、龙利、扁鱼、牛舌、龙舌。

【分类地位】辐鳍鱼纲 Actinopterygii, 鲽形目 Pleuronectiformes, 舌鳎科 Cynoglossidae, 舌鳎属 *Cynoglossus*。

【同种异名】*Arelia brachyrhynchos* (Bleeker, 1851); *Cynoglossus brachyrhynchus* (Bleeker, 1851); *Cynoglossus brevis* Günther, 1862; *Cynoglossus nigrolabeculatus* (Richardson, 1846); *Cynoglossus punticeps* (Richardson, 1846)。

【可数性状】背鳍90~100；臀鳍72~78；无胸鳍；腹鳍4；尾鳍10~11；上、中侧线间鳞16~20；侧线鳞8~9+86；椎骨44~49。

【可量性状】体长为体高的2.6~3.6倍，为头长的4.5~5.1倍；头长为吻长的2.3~3.2倍，为眼径的7.8~8.3倍。

【形态特征】体呈长舌状，甚侧扁。头略吻略短，前端圆钝，钩状突短，尖端伸达有眼侧前鼻孔下方。眼中大，两眼均位于头部左侧口小，下位，口裂弧形，口角后端伸达下眼后缘的下方。有眼侧两颌无牙；无眼侧两颌具细绒毛状牙，窄带状排列。鳃孔窄长。有眼侧被栉鳞，无眼侧除吻端外亦被栉鳞，有眼侧具2条侧线，无眼侧无侧线。背鳍和臀鳍鳍条均不分支，后端均与尾鳍相连。无胸鳍。有眼侧具腹鳍，以膜与臀鳍相连，无眼侧无腹鳍。尾鳍后缘尖形。有眼侧褐色，具不规则的褐色斑块和条纹（图103）。

【分布范围】印度-太平洋西部区、印度-太平洋中部区和太平洋北部温带区；北至中国海域，南至澳大利亚海域，西至波斯湾、阿曼湾，东至巴布亚新几内亚海域；中国分布于东海、南海。

【生态习性】热带种，广盐种，底层种类。常栖息于沙质和泥质的大陆架海域，在下游河段及河口地区也可发现。主要以底栖无脊椎动物为食。

【渔业利用】中小型鱼类，拖网渔获物中常见，数量较多，具有一定经济价值。

【群体特征】见表103。

表 103　斑头舌鳎群体特征

群体特征	春季	夏季	秋季	冬季
全长（mm）	−	82～115	−	−
体重（g）	−	5.8～16.1	−	−
资源量	−	+	−	−

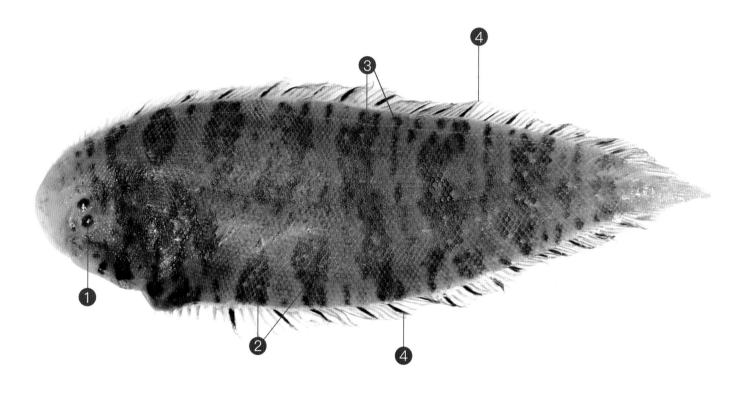

图 103　斑头舌鳎

① 两眼均位于头的左侧

② 有眼侧具多条褐色斑块和条纹

③ 有眼侧具两条侧线，无眼侧无侧线

④ 背鳍和臀鳍每2～6鳍条见有暗色线纹

鲀形目 Tetraodontiformes

前颌骨与上颌骨相连或愈合，牙圆锥状、门牙状或愈合成喙状牙板。鳃孔小，侧位。体被骨化鳞片、骨板和小刺，或裸露。背鳍1个或2个。腹鳍胸位、亚胸位，或消失。腰带愈合或消失。后颞骨不分叉，与翼耳骨相连。无鼻骨、眶下骨、顶骨及肋骨。鳔有或无。气囊有或无。

单角鲀科 Monacanthidae

■ 副单角鲀属 *Paramonacanthus*

104. 日本副单角鲀 *Paramonacanthus japonicus* (Tilesius, 1809)

【英 文 名】Japanese leather jacket, Japanese filefish, cryptic filefish。

【俗 名】日本细鳞鲀、剥皮鱼。

【分类地位】辐鳍鱼纲 Actinopterygii，鲀形目 Tetraodontiformes，单角鲀科 Monacanthidae，副单角鲀属 *Paramonacanthus*。

【同种异名】*Balistes japonicus* Tilesius, 1809；*Monacanthus broekii* Bleeker, 1858；*Monacanthus trachyderma* Bleeker, 1860；*Paramonacanthus curtorhynchos* (non Bleeker, 1855)；*Stephanolepis japonicus* (Tilesius, 1809)。

【可数性状】背鳍Ⅱ，24~30；臀鳍24~30；胸鳍14；尾鳍Ⅰ-10-Ⅰ；椎骨19。

【可量性状】体长为体高的2.4倍，为头长的3.3倍；头长为吻长的1.7倍，为眼径的4.8倍，为眼间距的3.9倍；尾柄长为尾柄高的1.0倍。

【形态特征】体呈长椭圆形，侧扁。尾柄短，侧扁。头中大，侧扁，背缘圆突。吻较长大，侧视似三角形。眼稍小，上侧位。腹鳍合为一棘，能活动。尾鳍圆截形，上下缘各具一鳍条，延长呈丝状。体灰褐色，体上散布一些黑褐色斑点，在尾部较明显。自第一背鳍后基部开始具一纵行黑褐色断续条纹，背鳍基部具3个较大的深棕色斑块，臀鳍鳍条基部具2条灰褐色纵纹。尾鳍基部鳍膜上具黑色斑点（图104）。

【分布范围】24°S—32°N，77°E—175°W；印度-太平洋西部区、印度-太平洋中部区和太平洋北部温带区；北至日本、韩国海域，南至澳大利亚海域，西至印度海域和孟加拉湾，东至斐济群岛海域；我国分布于东海、南海。

【生态习性】热带种，海洋种，中下层种类，岩礁种类，大洋洄游种类。常栖息于沿岸沙质底质海域及有水草海域，河口到外海均有分布。肉食性，主要以小型甲壳类、贝类及海胆等为食。

【渔业利用】中小型鱼类，无经济价值。

【群体特征】见表104。

表104　日本副单角鲀群体特征

群体特征	春季	夏季	秋季	冬季
体长（mm）	—	48～58	—	—
全长（mm）	—	63～76	—	—
体重（g）	—	2.8～6.0	—	—
资源量	—	+	—	—

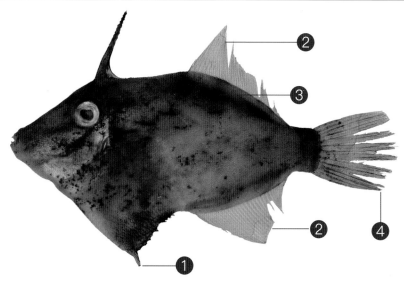

图104　日本副单角鲀

① 腹鳍棘可以活动，较细长

② 背鳍、臀鳍鳍条24~30

③ 背鳍基部有3个深棕色斑块

④ 雄性尾鳍呈丝状延长

鲀科 Tetraodontidae

■ 兔头鲀属 *Lagocephalus*

105. 棕斑兔头鲀 *Lagocephalus spadiceus* (Richardson, 1845)

【英 文 名】half-smooth golden pufferfish, brown backed toadfish。

【俗   名】乌乖、青水乖、斑腹刺鲀。

【分类地位】辐鳍鱼纲 Actinopterygii，鲀形目 Tetraodontiformes，鲀科 Tetraodontidae，兔头鲀属 *Lagocephalus*。

【同种异名】*Gastrophysus spadiceus* (Richardson, 1845)；*Sphoeroides spadiceus* (Richardson, 1845)；*Tetrodon lunaris* (non Bloch & Schneider, 1801)。

【可数性状】背鳍12；臀鳍9~10；胸鳍16，无腹鳍。

【可量性状】体长为体高的3.0~5.0倍，为头长的2.8~3.2倍；头长为吻长的2.0~2.5倍，为眼径的3.2~4.3倍；尾柄长为尾柄高的3.3~4.0倍。

【形态特征】体呈亚圆筒形，尾柄锥状。腹部自口角后方至尾鳍基各具一明显的皮褶。头中长。吻中长，圆钝。眼中大。口小，前位。头、体背面及腹面均被小刺，侧面光滑无刺。背面小刺群自吻后延伸至胸鳍后端上方附近，前宽后狭，几呈三角形，不伸达背鳍起点。腹面小刺自后鼻孔下方延伸至肛门前方。侧线发达，上侧位。体背侧面棕灰色，腹面白色，侧下方黄色。背面在眼后、前背部、背鳍基底下方及尾柄背侧常具暗色云斑。背鳍灰黄色；臀鳍及胸鳍黄色；尾鳍灰黑，上下尖端灰白色（图105）。

【分布范围】北大西洋温带区、印度-太平洋西部区、印度-太平洋中部区和太平洋北部温带区；北至中国海域，南至澳大利亚海域，西至希腊海域，东至巴布亚新几内亚海域，地中海、红海亦有分布；中国分布于渤海、黄海、东海、南海。

【生态习性】亚热带种，海洋、咸淡水中均可见，底层种类，大洋洄游种类。主要摄食贝类和甲壳类、小公鱼幼鱼、水母和马鲛幼鱼等。

【渔业利用】可食用，底拖网作业的兼捕对象。

【群体特征】见表105。

表 105　棕斑兔头鲀群体特征

群体特征	春季	夏季	秋季	冬季
体长（mm）	−	56 ~ 136	72 ~ 215	−
全长（mm）	−	70 ~ 164	87 ~ 265	−
体重（g）	−	6.0 ~ 78.3	12.9 ~ 350.5	−
资源量	−	+++	+	−

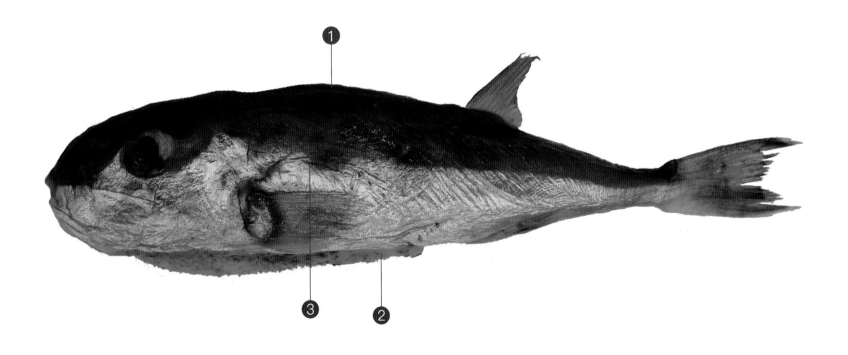

图 105　棕斑兔头鲀

❶ 背面小刺群自吻后延伸至胸鳍后端上方附近，不伸达背鳍起点

❷ 腹面小刺自后鼻孔下方延伸至肛门前方

❸ 侧面光滑无刺

■ 多纪鲀属 *Takifugu*

106. 横纹多纪鲀 *Takifugu oblongus* (Bloch, 1786)

【英 文 名】lattice blaasop, oblong blow fish, oblong blowfish, oblong puffer。

【俗   名】乖鱼、沙龟鱼、花龙乖、黄乖鱼、黄花龟。

【分类地位】辐鳍鱼纲 Actinopterygii，鲀形目 Tetraodontiformes，鲀科 Tetraodontidae，多纪鲀属 *Takifugu*。

【同种异名】*Fugu oblongus* (Bloch, 1786)；*Sphaeroides oblongus* (Bloch, 1786)；*Sphoeroides oblongus* (Bloch, 1786)；*Takyfugu oblongus* (Bloch, 1786)；*Tetraodon oblongus* (Bloch, 1786)；*Tetrodon oblongus* Bloch, 1786。

【可数性状】背鳍12～14；臀鳍10～12；胸鳍15～17，无腹鳍。

【可量性状】体长为体高的3.0～3.9倍，为头长的3.0～3.2倍；头长为吻长的2.1～2.5倍，为眼径的3.5～5.6倍；尾柄长为尾柄高的0.8～0.9倍。

【形态特征】体呈亚圆筒形。头中长。吻圆钝。眼小，上侧位。尾鳍截形。体腔大，腹膜白色。鳔大。具气囊。头和体背侧淡黄褐色，背面及侧面具10多条褐色横带，均向下延伸，达体侧中部，褐色横带间具白色条纹。头部几对横带较狭，排列紧密，背面前方正中横带连合。头、体背部具许多白斑。腹面白色。臀鳍白色或淡黄色，其余各鳍灰色（图106）。

【分布范围】印度－太平洋西部区、印度－太平洋中部区和太平洋北部温带区；北至日本海域，南至澳大利亚海域，西至非洲东岸和马达加斯加海域；我国分布于东海、南海。

【生态习性】热带种，海洋、咸淡水中均可见，底层鱼类。常生活在沿岸较浅海域，可进入河口咸淡水区域。肉食性，主要以软体动物、甲壳类、棘皮动物及鱼类等为食。

【渔业利用】皮肤、血液、肌肉、性腺及肝脏均有毒，不宜食用。

【群体特征】见表106。

表 106　横纹多纪鲀群体特征

群体特征	春季	夏季	秋季	冬季
体长（mm）	76～103	50～138	69～195	76～105
全长（mm）	94～125	60～168	86～235	95～127
体重（g）	17.5～41.8	5.0～104.1	11.9～409.0	14.1～35.1
资源量	+	++	+	+

图 106　横纹多纪鲀

① 体背具10多条褐色横带，达体侧中部，褐色横带间具白色条纹

② 臀鳍白色或淡黄色

107. 斑点多纪鲀 *Takifugu poecilonotus* (Temminck & Schlegel, 1850)

【英 文 名】finepatterned puffer, komonfugu, pufferfish。

【俗　　名】斑点河鲀、气乖、网纹东方鲀。

【分类地位】辐鳍鱼纲Actinopterygii，鲀形目Tetraodontiformes，鲀科 Tetraodontidae，多纪鲀属 *Takifugu*。

【同种异名】*Fugu poecilonotum* (Temminck & Schlegel, 1850)；*Fugu poecilonotus* (Temminck & Schlegel, 1850)；*Tetraodon poecilonotus* Temminck & Schlegel, 1850。

【可数性状】背鳍12~15；臀鳍10~13；胸鳍14~17，无腹鳍。

【可量性状】体长为体高的3.1~3.2倍，为头长的3.0~3.3倍；头长为吻长的2.7~3.0倍，为眼径的4.0~4.5倍，为眼间距的2.1~2.6倍；尾柄长为尾柄高的0.4~0.6倍。

【形态特征】体呈亚圆筒锥形，前部粗圆，向后渐细。头中大，钝圆。吻中长，钝圆，吻长稍短于眼后头长。眼中等大，侧上位，眼间隔宽，稍圆突。体背面茶褐色，体背上方密布众多不规则的浅灰色小圆斑，斑径小于眼径，体侧有一列浅灰色长椭圆形斑，斑径小于或大于眼径。体背面茶褐色，密布众多不规则的浅灰色小圆斑，斑径小于眼径。体侧具一列浅灰色长椭圆形斑，斑径小于或大于眼径。胸鳍基底后上方体表具一棕色斑块，不形成明显圆斑。背鳍基底下方亦有深褐色斑块，但不形成圆斑。体侧纵行皮褶呈橘黄色。尾鳍后半段黑褐色（图107）。

【分布范围】太平洋北部温带区；中国、日本、朝鲜、韩国海域；中国分布于东海。

【生态习性】温水种，广盐种，可在海洋、咸淡水区域栖息，底层种类。常栖息于沿岸岩礁性底质海域。小型鱼类，主要以软体动物、甲壳类、棘皮动物及鱼类等为食。

【渔业利用】皮肤、血液、性腺及肝脏均有毒，肌肉一般无毒。

【群体特征】见表107。

表 107　斑点多纪鲀群体特征

群体特征	春季	夏季	秋季	冬季
体长（mm）	70～98	58～62	−	80～100
全长（mm）	88～121	73～77	−	101～125
体重（g）	13.6～44.1	5.9～9.1	−	16.7～37.6
资源量	＋	＋	−	＋

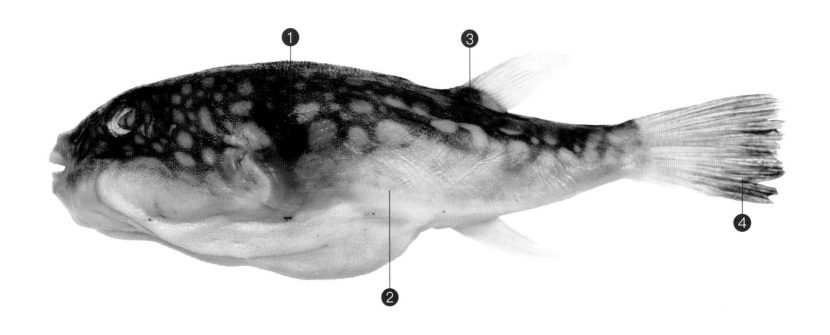

图 107　斑点多纪鲀

❶ 胸鳍基底后上方体表具一棕色斑块

❷ 体侧纵行皮褶呈橘黄色

❸ 背鳍基底有深褐色斑块

❹ 尾鳍后半段黑褐色

108. 双斑多纪鲀 *Takifugu bimaculatus* (Richardson, 1845)

【英 文 名】two-spot puffer。

【俗   名】乖鱼、抱鱼、花抱、鸡抱。

【分类地位】辐鳍鱼纲 Actinopterygii，鲀形目 Tetraodontiformes，鲀科 Tetraodontidae，多纪鲀属 *Takifugu*。

【同种异名】*Tetrodon bimaculatus* Richardson, 1845。

【可数性状】背鳍14；臀鳍12；胸鳍16～17，无腹鳍。

【可量性状】体长为体高的2.8～3.6倍，为头长的2.7～3.0倍；头长为吻长的2.0～2.3倍，为眼径的5.1～7.3倍；尾柄长为尾柄高的1.3～1.7倍。

【形态特征】体呈亚圆筒形，向后渐细狭。头中长，吻圆钝。眼小，上侧位。口小，前位；上下颌各具2个喙状牙板。头部及身体背面、腹面被较强小刺，体侧光滑无刺，背刺区与腹刺区分离。背鳍1个，臀鳍与背鳍相似；胸鳍宽短；尾鳍截形。体背部浅褐色，腹面乳白色。背侧具10余条灰褐色弧形横纹。胸鳍后上方体表具一黑色大斑；背鳍基底具一黑斑，周围条纹呈同心圆状；胸鳍基底外侧和内侧各具一黑斑。除胸鳍为浅黄褐色外，其余各鳍橘黄色（图108）。

【分布范围】印度-太平洋中部区和太平洋北部温带区；中国、日本、韩国、越南海域；中国分布于黄海、东海、南海。

【生态习性】亚热带种，海洋种、咸淡水种，广盐种，底层种类。小型鱼类。常出现于河口区域。主要以软体动物、甲壳类、棘皮动物及鱼类等为食。

【渔业利用】皮肤、血液、肌肉、性腺及肝脏均有毒。2000年前后人工繁殖及育苗取得成功，福建沿岸养殖量大。全人工养殖商品鱼的河鲀毒素含量较低。

【群体特征】见表108。

表 108　双斑多纪鲀群体特征

群体特征	春季	夏季	秋季	冬季
体长（mm）	—	—	160～198	—
全长（mm）	—	—	204～248	—
体重（g）	—	—	208.6～332.3	—
资源量	—	—	＋	—

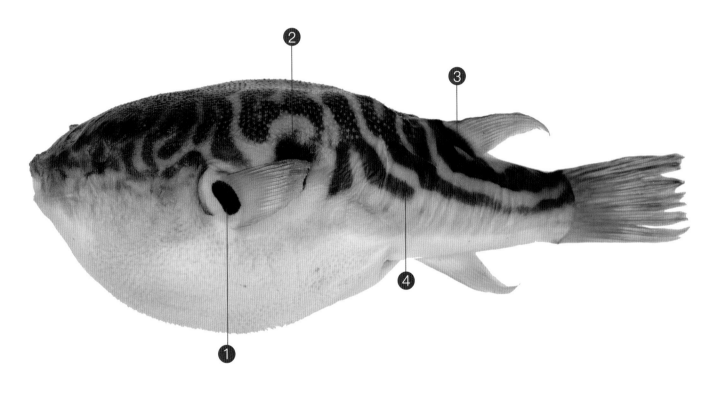

图 108　双斑多纪鲀

❶ 胸鳍基底内侧、外侧均具黑斑

❷ 胸鳍后上方体表具一黑色大斑

❸ 背鳍基底具黑斑

❹ 体侧光滑无刺，背刺区与腹刺区分离

参考文献

陈坚，余兴光，李东义，等，2010.闽江口近百年来海底地貌演变与成因[J].海洋工程，28(2):82-89.

陈强，王家樵，张雅芝，等，2012.福建闽江口及附近海域和厦门海域头足类种类组成的季节变化[J].海洋学报，34(3)：179-184.

陈新军，2009.世界头足类[M].北京：海洋出版社.

成庆泰，郑葆珊，1987.中国鱼类系统检索（上册）[M].北京：科学出版社.

成庆泰，郑葆珊，1987.中国鱼类系统检索（下册）[M].北京：科学出版社.

程娇，王永良，沙忠利，2015.口足目系统分类学研究进展[J].海洋科学，39(12)：173-177.

褚新洛，郑葆珊，戴定远，等，1999.中国动物志：硬骨鱼纲　鲇形目[M].北京：科学出版社.

戴爱云，1986.中国海洋蟹类[M].北京：海洋出版社.

方少华，1991.台湾海峡中、北部的蟹类[J].应用海洋学学报(4)：351-355.

冯玉爱，张珍兰，1995.广东湛江沿海口足类的初步报告[J].湛江水产学院学报(1)：21-32.

福建省渔业区划办公室，1988.福建渔业资源[M].福州：福建科学技术出版社.

金鑫波，2006.中国动物志：硬骨鱼纲　鲉形目[M].北京：科学出版社.

海洋科技名词审定委员会，2007.海洋科技名词[M].北京：科学出版社.

黄良敏，李军，张雅芝，等，2010.闽江口及附近海域渔业资源现存量评析[J].热带海洋学报，29(5):142-148.

李思忠，王惠民，1995.中国动物志：硬骨鱼纲　鲽形目[M].北京：科学出版社.

李渊，2015.鲳属鱼类形态学和遗传学研究[D].青岛：中国海洋大学.

刘瑞玉，2008.中国海洋生物名录[M].北京：科学出版社.

刘瑞玉，王永良，1987.中国近海仿对虾属的研究[J].海洋与湖沼，18(6)：523-539.

卢惠泉，吴承强，许艳，2014.闽江口外潮流沙脊群特征与成因[J].海洋地质与第四纪地质(2)：27-36.

沈世杰，吴高远，2011.台湾鱼类图鉴[M].屏东：海洋生物博物馆.

沈世杰，1993.台湾鱼类志[M].台北：荣民印刷厂.

苏永全，王军，戴天元，等，2011.台湾海峡常见鱼类图谱[M].厦门：厦门大学出版社.

王丹，赵亚辉，张春光，2005. 中国海鲇属丝鳍海鲇（原"中华海鲇"）的分类学厘定及其性别差异[J]. 动物学报，51(3)：431-439.

王尧耕，陈新军，2005.世界大洋性经济柔鱼类资源及其渔业[M].北京：海洋出版社.

魏崇德，1991.浙江动物志：甲壳类[M].杭州：浙江科学技术出版社.

伍汉霖，钟俊生，等，2008.中国动物志：硬骨鱼纲　鲈形目（五）鰕虎鱼亚目[M].北京：科学出版社.

伍汉霖，邵广昭，赖春福，2012.拉汉世界鱼类系统名典[M].台北：水产出版社.

徐晓晖，陈坚，赖志坤，2009.GIS支持下近百年来闽江口海底地形地貌演变[J].应用海洋学学报，28(4)：577-585.

益正之，1986.中国动物志：软体动物门　头足纲[M].北京：科学出版社.

余少梅，陈伟，2012.闽江冲淡水扩展范围的季节变化特征[J].应用海洋学学报，31(2)：160-165.

浙江动物志编辑委员会，1991.浙江动物志：甲壳类[M].杭州：浙江科学技术出版社.

郑葆珊，等.1987. 中国动物图谱·鱼类[M]. 北京:科学出版社.

郑小宏，2009.闽江口海域化学需氧量与溶解氧周年变化特征分析[J].四川环境，28(6)：65-67.

郑玉水，1992.福建省海岸带头足类资源调查报告[J].福建水产(1)：46-52.

中国海湾志编纂委员会，1998.中国海湾志：第十四分册 重要河口[M].北京：海洋出版社.

中国科学院动物研究所，中国科学院海洋研究所，上海水产学院，1962.南海鱼类志[M].北京：科学出版社.

中国科学院海洋研究所,1962. 中国经济动物志·海产鱼类[M]. 北京: 科学出版社.

中国科学院中国动物志委员会，1988.中国动物志：软体动物门 头足纲[M].北京：科学出版社.

中国科学院中国动物志委员会，2010.中国动物志：硬骨鱼纲 鳗鲡目、背棘鱼目[M].北京：科学出版社.

朱松泉,1995. 中国淡水鱼类检索[M]. 南京: 江苏科学技术出版社.

朱耀光,1992.福建海区虾类资源简述[J].福建水产(4)：78-81.

朱元鼎，1960.中国软骨鱼类志[M].北京：科学出版社.

朱元鼎，罗云林，伍汉霖，1963.中国石首鱼类分类系统的研究和新属新种叙述[M].上海：上海科学技术出版社.

朱元鼎，孟庆闻，等，2001.中国动物志：圆口纲、软骨鱼纲[M].北京：科学出版社.

朱元鼎，张春霖，成庆泰，1963.东海鱼类志[M].北京：科学出版社.

朱元鼎，1984.福建鱼类志（上卷）[M].福州：福建科学技术出版社.

朱元鼎，1985.福建鱼类志（下卷）[M].福州：福建科学技术出版社.

FishBase: Version 2010[DB/OL].[2018-07-26].https://www.fishbase.de/manual/English/contents.htm.

Last P R, Naylor G J P, Manjaji-Matsumoto B M, 2016. A Revised Classification of the Family Dasyatidae(Chondrichthyes: Myliobatiformes) Based on New Morphological and Molecular Insights[J]. Zootaxa,4139(3):345.

Maddison D R, Schulz K S, 2007. The Tree of Life Web Project[DB/OL].[2018-03-26].http：//tolweb.org.

Nelson J S, 2006. Fishes of the World[M].[S.l.]:John Wiley & Sons,Inc.

Rosenberg G, 2014.A New Critical Estimate of Named Species-Level Diversity of the Recent Mollusca [J]. American Malacological Bulletin,32(2):308-222.

Spalding M D, Fox H E, Allen G R, et al,2007.Marine Ecoregions of the World:A Bioregionalization of Coastal and Shelf Areas[J].Bioscience,57(7):573-583.

Spiridonov V A, Neretina T V, Schepetov D, 2014 . Morphological Characterization and Molecular Phylogeny of Portunoidea Rafinesque, 1815 (Crustacea Brachyura): Implications for Understanding Evolution of Swimming Capacity and Revision of the Family-level Classification[J]. Zoologischer Anzeiger, 253(5):404-429.

World Register of Marine Species: Version 2018[DB/OL]. [2018-07-26]. http://marinespecies.org/index.php.

ØDEGAARD F, 2000.How Many Species of Arthropods?Erwin's Estimate Revised[J].Biological Journal of the Linnean Society,71(4):583-597.

作者简介

李军，男，1982年4月生，硕士，2005年毕业于中国海洋大学渔业资源专业，现为集美大学水产学院讲师；主要从事渔业生物学及渔业资源保护的教学和研究工作；参与"我国近海海洋综合调查与评价""闽江口鱼类群落空间格局及功能实现过程"等多项国家级、省部级科研项目；发表渔业生物学及渔业资源学方面论文10余篇。